猪重大疫病的
中西结合防控新技术

朱 玲　青 易　陈弟诗 主编

电子科技大学出版社
University of Electronic Science and Technology of China Press

·成都·

图书在版编目（CIP）数据

猪重大疫病的中西结合防控新技术 / 朱玲，青易，

陈弟诗主编. -- 成都：成都电子科大出版社，2024.

11. -- ISBN 978-7-5770-1039-7

Ⅰ. S858.28

中国国家版本馆 CIP 数据核字第 2024AB3131 号

猪重大疫病的中西结合防控新技术

ZHU ZHONGDA YIBING DE ZHONGXI JIEHE FANGKONG XINJISHU

朱　玲　青　易　陈弟诗　主编

策划编辑　谢晓辉
责任编辑　谢晓辉
责任校对　曾　艺
责任印制　段晓静

出版发行　电子科技大学出版社
　　　　　成都市一环路东一段 159 号电子信息产业大厦九楼　邮编　610051
主　　页　www.uestcp.com.cn
服务电话　028-83203399
邮购电话　028-83201495

印　　刷　成都市东辰印艺科技有限公司
成品尺寸　170 mm×240 mm
印　　张　11.75
字　　数　260 千字
版　　次　2024 年 11 月第 1 版
印　　次　2024 年 11 月第 1 次印刷
书　　号　ISBN 978-7-5770-1039-7
定　　价　58.00 元

编 委 会

特 别 声 明

随着兽医科学研究的发展、临床经验的积累及知识的不断更新，猪疫病治疗方法及用药也会做相应调整。建议读者在使用每一种药物之前，参考厂家提供的产品说明书和医嘱确认药物用量、用药方法、用药的时间及禁忌等，严格遵守用药安全注意事项。执业兽医有责任根据临床经验及患病动物情况决定用药量和选择最佳治疗方案。

本书仅作大众科普之用，不能用于指导专业临床实践。对于实际治疗中所发生的损失或损害，作者不承担责任。

前　言

当前，猪疫病的流行呈多病原、多病因混合感染的特点。同时，病原体变异导致新病毒增多，细菌疫病耐药性日益增强，均增加了治疗难度，加上养殖过程中个别养殖户防疫意识薄弱，缺乏治疗的手段，导致猪场疫病越来越多，影响猪养殖业持续有效的发展。相关研究表明，将中药应用于猪病防控中，可达到保健预防及疾病治疗的功效。

成都市畜禽遗传资源保护中心会同长期在养殖生产一线的专家学者编写了《猪重大疫病的中西结合防控新技术》一书。本书对常见或新发猪病毒性、细菌性以及其他重大疫病的疫病概况、实验室确诊技术、中兽医学辨证施治、综合防控几方面进行介绍，内容以国家批准使用的兽药为基础，结合病例进行讲解，通俗易懂，可供广大养殖户、养殖场员工学习使用，以提高对常见猪病防治的技术水平，同时本书也可作为基层兽医工作者、农业院校相关专业师生学习猪病诊断、中西结合防控猪疫病的参考资料。

由于编者水平有限，书中难免存在疏漏之处，恳请同行专家和广大读者提出宝贵意见和建议，以便再版时修改。

编　者
2024 年 9 月

目　　录

第一章　猪病毒性重大疫病的中西医防控 1

　第一节　非洲猪瘟 2
　　一、疫病概况 2
　　二、实验室确诊技术 7
　　三、中兽医学辨证施治 8
　　四、综合防控 12

　第二节　猪瘟 15
　　一、疫病概况 15
　　二、实验室确诊技术 19
　　三、中兽医学辨证施治 21
　　四、综合防控 21

　第三节　猪蓝耳病 26
　　一、疫病概况 26
　　二、实验室确诊技术 29
　　三、中兽医辨证施治 30
　　四、综合防控 33

　第四节　口蹄疫 36
　　一、疫病概况 36
　　二、实验室确诊技术 39
　　三、中兽医辨证施治 40
　　四、综合防控 41

　第五节　猪圆环病毒病 43
　　一、疫病概况 43
　　二、实验室确诊技术 46
　　三、中兽医辨证施治 47
　　四、综合防控 47

第六节　猪伪狂犬病 49
　　一、疫病概况 49
　　二、实验室确诊技术 51
　　三、中兽医辨证施治 52
　　四、综合防控 52

第七节　猪流行性腹泻 54
　　一、疫病概况 54
　　二、实验室确诊技术 57
　　三、中兽医辨证施治 57
　　四、综合防控 59

第八节　猪传染性胃肠炎 61
　　一、疫病概况 61
　　二、实验室确诊技术 66
　　三、中兽医辨证施治 67
　　四、综合防控 68

第九节　猪轮状病毒 70
　　一、疫病概况 70
　　二、实验室确诊技术 74
　　三、中兽医辨证施治 75
　　四、综合防控 75

第十节　猪乙型脑炎 77
　　一、疫病概况 77
　　二、实验室诊断技术 80
　　三、中兽医辨证施治 80
　　四、综合防控 81

第十一节　猪流感 83
　　一、疫病概况 83
　　二、实验室确诊技术 86
　　三、中兽医辨证施治 86
　　四、综合防控 88

第十二节　猪塞内卡病毒病 90
　　一、疫病概况 90
　　二、实验室确诊技术 94

三、中兽医辨证施治 95

四、综合防控 95

第二章　猪细菌性重大疫病的中西医防控 99

第一节　猪大肠杆菌病 100

一、疫病概况 100

二、实验室确诊技术 103

三、中兽医辨证施治 104

四、综合防控 107

第二节　猪沙门氏菌病 109

一、疫病概况 109

二、实验室确诊技术 111

三、中兽医辨证施治 112

四、综合防控 113

第三节　猪链球菌病 115

一、疫病概况 115

二、实验室确诊技术 117

三、中兽医辨证施治 118

四、综合防控 119

第四节　猪巴氏杆菌病 121

一、疫病概况 121

二、实验室确诊技术 124

三、中兽医辨证施治 124

四、综合防控 126

第五节　猪传染性胸膜肺炎 127

一、疫病概况 127

二、实验室确诊技术 132

三、中兽医辨证施治 132

四、综合防控 133

第六节　猪副猪嗜血杆菌病 136

一、疫病概况 136

二、实验室诊断技术 139

三、中兽医辨证施治 140

　　　　四、综合防控 141

　　第七节　猪增生性肠炎 143
　　　　一、疫病概况 143
　　　　二、实验室确诊技术 145
　　　　三、中兽医辨证施治 147
　　　　四、综合防控 147

　　第八节　猪痢疾 149
　　　　一、疫病概况 149
　　　　二、实验室确诊技术 151
　　　　三、中兽医辨证施治 151
　　　　四、综合防控 152

第三章　猪其他重大疫病的中西医防控 154

　　第一节　猪支原体肺炎 155
　　　　一、疫病概况 155
　　　　二、实验室确诊技术 158
　　　　三、中兽医辨证施治 159
　　　　四、综合防控 160

　　第二节　猪附红细胞体病 162
　　　　一、疫病概况 162
　　　　二、实验室确诊技术 164
　　　　三、中兽医辨证施治 165
　　　　四、综合防控 166

　　第三节　猪弓形体病 168
　　　　一、疫病概况 168
　　　　二、实验室确诊技术 171
　　　　三、中兽医辨证施治 172
　　　　四、综合防控 173

参考文献 175

第一章

猪病毒性重大疫病的中西医防控

第一节

非 洲 猪 瘟

非洲猪瘟（African Swine fever，ASF）是由非洲猪瘟病毒（African Swine fever virus，ASFV）感染家猪和各种野猪（非洲野猪、欧洲野猪等）引起的一种急性、出血性、烈性传染病，所有品种和年龄的猪均可能感染，发病死亡率高可达 100%，世界动物卫生组织（Office International Des Epizooties，OIE）将其列为法定报告动物疫病。该病也是我国重点防范的一类动物疫病。其特征是发病过程短，最急性和急性感染死亡率高达 100%，临床表现为发热（达 40～42℃），心跳加快，呼吸困难，部分咳嗽，眼、鼻有浆液性或黏液性脓性分泌物，皮肤发绀，淋巴结、肾、胃肠黏膜明显出血，非洲猪瘟临床症状与猪瘟症状相似，只能依靠实验室监测确诊。

一、疫病概况

（一）流行病学

1. 流行病史

非洲猪瘟病毒（ASFV）是一类古老的病毒，早 1921 年在非洲肯尼亚首次发现，至今有 100 余年的历史。此后，非洲、欧洲、美洲和亚洲的许多国家都受到该疾病的影响。有 37 个国家向世界动物卫生组织报告了 ASF 发生率，此后有 13 个国家宣布消灭 ASF。自 2018 年 8 月起，ASFV Ⅱ传播至中国，并先后传播至蒙古国、越南、柬埔寨、朝鲜、老挝、菲律宾、缅甸、韩国、印度尼西亚等亚太国家。截至 2020 年 7 月 24 日，我国农业农村部在全国 34 个省、自治区、直辖市共报告 178 起 ASF 疫情。为阻止疫情进一步扩散，已扑杀超过 120 万头猪，造成了数百亿美元的直接经济损失。

2. 易感动物

家猪与野猪对本病毒都系自然易感性的，各品种及各不同年龄之猪群同样易感，蒙特哥马利（Montgomery）等于 1921 年曾在白鼠、天竺鼠、兔、猫、犬、山羊、绵羊、牛、马、鸽等动物身上做试验，都未被感染成功，但是伟力合（Velho）于 1956 年报告，ASFV 在兔子上盲传 26 代后攻毒，仍可使猪致死。

3．传播媒介

非洲和西班牙半岛有几种软蜱是 ASFV 的宿主和媒介。美洲等地分布广泛的很多其他蜱种也可传播 ASFV。一般认为，ASFV 传入无病地区都与来自国际机场和港口的未经煮过的感染猪制品或残羹喂猪有关，或由于接触了感染的家猪的污染物、粪便、病猪组织，并喂了污染饲料而发生。该病毒在我国已有出现。健康猪与患病猪或其污染物直接接触是非洲猪瘟最主要的传播途径，猪被带毒的蜱等媒介昆虫叮咬也存在感染非洲猪瘟的可能性。目前我国已查明疫源的 68 起家猪疫情，传播途径主要有三种：一是生猪及其产品跨区域调运，占全部疫情约 19%；二是餐厨剩余物喂猪，占全部疫情约 34%；三是人员与车辆带毒传播，这是当前疫情扩散的最主要方式，占全部疫情约 46%。

（二）毒株进化

非洲猪瘟病毒是双层囊膜包裹的双链 DNA 病毒，根据国际病毒分类委员会制定的分类标准，该病毒属于非洲猪瘟病毒科非洲猪瘟病毒属，且该科无其他成员。非洲猪瘟病毒直径可达 175～245nm，属于较大的病毒，从基因组结构的角度上说，非洲猪瘟病毒是长度为 170～190kb 的单分子线状双链 DNA 病毒，其 DNA 可以编码 160～200 种不同的多肽，其中许多多肽有逃避免疫系统防御的能力，且基因组两端的高变区导致该病毒的变异性很强。

1．血清型变化

目前 ASFV 共有一个血清型，这个血清型又可以根据非洲猪瘟病毒的血细胞吸附特性划分为 8 个血清组。研究人员对 1961 年到 2009 年期间分离的 32 株 ASFV 进行了血细胞吸附抑制试验（Hemadsorption inhibition assay，HAI），将其中具有血凝特性的 ASFV 分成了 8 个血清组（Serogroup），也有少量未分群的 ASFV。随后的血清群特异性嵌合病毒的免疫保护试验发现，CD2v 和 C 型凝集素蛋白是重要的保护性抗原。但由于基于 HAI 的血清学分析需要活病毒和恢复期的血清，制约了 ASFV 血清学研究的发展。

2．毒力变化

ASFV 毒株可分为高毒、中毒和低毒三种毒力类型，在家猪中观察到的 ASF 的临床病程可描述为过急性（或超急性）、急性、亚急性或慢性。目前在东欧和中欧以及现在在亚洲流行的大多数 ASFV 格鲁吉亚 2007 型 II 型分离株具有高度毒性。对低毒性、非吸附性毒株的研究表明，幸存的猪也可以将病毒通过接触传播给其他动物长达数月，并且比高毒性毒株更有可能导致慢性感染长期病毒携带者。

3．分子遗传进化

标准的免疫学实验不能区分 ASFV 病毒株，研究人员根据 ASFV 的结构蛋白 p72（B646L）基因末端约 500bp 核苷酸的差异，现已鉴定出 24 种 ASFV 基因型。目前东欧及高加索地区流行的是基因 II 型，西非地区主要是基因 I 型，其中 20 个基因型仅存在于东非和南非。我国首次 ASF 暴发是在 2018 年 8 月辽宁省沈阳市沈北新区。根据 p72 基因片段发现，我国确诊的首个暴发毒株 ASFV-SY18 属于基因型 II 组，与格鲁吉亚、俄罗斯、爱沙尼亚分离的毒株核苷酸同源性为 100%。

ASFV 主要衣壳蛋白（p72）基因（B646L）是最早用于大规模评估 ASFV 遗传多样性的遗传靶标之一。通过对 p54（E183L）、p30（CP205L）和 B602L 基因的额外评估，提高了基因型分辨率。这种基因分型的优点是可以利用聚合酶链式反应（Polymerase Chain Reaction，PCR）技术快速地对 ASFV 进行遗传演化分析；其缺点是不能反映出病毒血清学特性，例如同是基因 I 型的毒株，有的具有红细胞吸附特性，有的则没有。

研究人员对非洲 ASFV 分离株进行的大规模分子流行病学研究，结果显示整个非洲大陆存在大量不同的 ASFV 变种。在非洲东部和南部，一些基因型（如 VIII 和 XIX）高度同源，这些毒株可能仅限于猪之间传播，或在猪与寄生于家猪的蜱间传播。另外一些基因型（如 V、X、XI、XII、XIII 和 XIV）毒株同时存在于猪-蜱循环和猪-猪循环。遗传多样性也可能受到不同分离株协同感染、重排和病毒进化的影响。

（三）临床症状

非洲猪瘟按照临床症状的急缓程度可以分为四类，分别为最急性型、急性型、亚急性型和慢性型。最急性型和急性型多由强毒性毒株引起，而从亚急性型、慢性型的感染猪体内通常分离得到的是中低毒性的毒株。强毒株主要引发超急性或急性感染，病死率高达 90%～100%；中等毒力毒株主要引发亚急性感染，病死率为 20%～40%；低毒力毒株主要引发慢性感染，病死率低，为 10%～30%。

1. 最急性型

最急性型患猪常表现为毫无症状的突发性死亡，临床上不多见。

2. 急性型

临床病程的特征是高热，温度 40～42℃，嗜睡，厌食和不活动，感染的动物往往聚集在一起。许多患病动物表现为向心性发绀，容易在耳朵、鼻子、四肢、腹部、尾巴和肛周区域发现瘀斑。在高致病性分离株感染的动物中，通常会出现呼吸窘迫，伴有严重的肺水肿。常见皮肤病变，伴有点状出血或瘀斑。其他临床症状可能包括流鼻涕，有时带有血（鼻出血）、呕吐和腹泻，也可能出现黑变斑，导致动物肛周区域出现黑色斑点，怀孕母猪可能会流产。

3. 亚急性型

亚急性型与急性型患猪的临床症状相似，只是症状较为轻微，病程长，体温升高，呈波浪热。患猪常出现关节疼痛、肿胀的症状。亚急性期的血管改变，主要是出血和水肿，可能比急性期更严重。

4. 慢性型

慢性型患猪的临床症状为恶病质，呼吸困难，消瘦，关节疼痛，皮肤呈多处溃疡、坏死。

（四）病理变化

1. 最急性型

一些动物会因高热而表现出呼吸窘迫，但通常在尸检时没有发现大体病变。

2. 急性型

在尸检中，急性 ASF 最典型的病变是出血性脾肿大，脾脏非常肿大，颜色较深，切面脆弱，占据腹腔内很大的空间。急性非洲猪瘟第二重要的病变是多灶性出血性淋巴结炎。淋巴结可发生多灶性或广泛出血，形成大理石样外观。受影响最严重的淋巴结为肝胃淋巴结、肾淋巴结，以及回肠、肠系膜淋巴结等腹部淋巴结。在其他淋巴结，如下颌骨下、咽后或腹股沟，也可观察到较少的出血。肾表面和切面常可见点状出血。也可观察到其他病变，多见黏膜或其他脏器浆膜出血，如大肠、小肠、心外膜或膀胱。

3．亚急性型

动物表现为心包积液、腹水和多灶性水肿，这在胆囊壁或肾周脂肪非常典型。一些动物可能表现出与急性型相似的出血性脾肿大，大部分动物会表现出部分脾肿大，除脾脏斑块其他区域不受影响。还观察到全身各部位的多个淋巴结出现多灶性出血性淋巴结炎，表现出出血和大理石外观。肾脏也可见点状出血，肺部呈多灶性肺炎，肺呈斑片状实变，颜色较深。这种病变也可归因于 ASFV 诱导的免疫抑制状态引起的继发性感染。

4．慢性型

在慢性 ASF 中未观察到血管改变，许多患病猪身上观察到的病变与细菌继发感染、诱导纤维性多浆膜炎、坏死或慢性肺炎、皮肤、舌头和扁桃体坏死有关。

（五）主要损失

我国是世界上最大的猪肉生产国和消费国，猪肉产量约占世界供应量的53%，此外，猪肉是我国居民优质蛋白质的主要来源，消费量占全国肉类总消费量的 62%。因此我国养猪业在不断提高养殖水平和扩大规模，自 2017 年起，每年约有 7 亿头猪。在第一次非洲猪瘟暴发后的几个月里，ASFV 迅速席卷了我国大多数省份。截至 2020 年 7 月 24 日，我国农业农村部在全国各省、自治区、直辖市共报告 178 起 ASF 疫情，为阻止疫情进一步扩散，已扑杀超过 120 万头猪，造成了数百亿美元的直接经济损失。

疫情主要分布在养猪业贸易频繁的主要经济区，向南有增加的趋势。西南地区疫情最严重，为 25.84%（46/178），其次是东北地区，为 16.85%（30/178）。其中，黑龙江省累计报告的易感猪和死猪数量最多。据中国国家统计局统计，2019 年，我国生猪数量和猪肉产量均呈逐年下降趋势。与过去一年同期 5.44 亿头生猪相比，生猪数量下降 21.6%，猪肉产量 4255 万吨，下降 21.3%。2019 年，中国猪肉出口量为 21 万吨，同比下降 36.17%，这对国际贸易产生了巨大影响。面对强劲和持续的需求，猪肉供应因疫情下降，导致国内市场销售的猪肉价格大幅上涨，从 12.2 元/kg（2019 年 2 月）到 36.1 元/kg（2020 年 2 月）。非洲猪瘟的暴发使中国生猪生产能力大幅下降，养猪业遭受了毁灭性打击。预计在未来 3～5 年内很难恢复到之前的水平。由于 ASFV 传播的隐蔽性和复杂性，我国疫情形势仍不容乐观。

二、实验室确诊技术

1. 免疫血清学

在免疫学实验室检测方面，较为常用且准确的方法有免疫荧光法、酶联免疫吸附试验（enzyme linked immwnosorbent，ELISA）和免疫层析试纸条法。

免疫荧光法是世界动物卫生组织（Office International Des Epizooties，OIE）推荐的 ASF 检测方法之一。免疫荧光法是鉴别不产生红细胞吸附反应（hem adsorption，HAD）的 ASFV 毒株感染，以及区分 ASFV 与其他病毒（如伪狂犬病毒）产生细胞病变（cyto pathic effect，CPE）的重要手段。免疫荧光法检测对于急性 ASF 感染高度敏感，但在亚急性和慢性感染中，敏感性显著下降，可能与感染组织中已形成抗原抗体复合物，阻断了 ASFV 抗原与检测用抗体的结合有关。

ASFV 抗原 ELISA 检测方法与荧光定量 PCR 方法相比，具有设备要求低、成本低、操作方便等优势，但敏感性和特异性有待提高。与免疫荧光法相似，在亚急性和慢性感染中，抗原 ELISA 的检测敏感性显著降低。粮农组织（FAO）建议 ELISA 方法用于"群体"样本大规模筛查，并需辅助以其他检测方法。

Sastre 等应用抗 p72 蛋白单克隆抗体研制免疫层析试纸条。对实验感染猪的 ASFV 血液样品的检测结果表明，该试纸条可检测病毒含量超过 10^4HAU 的样本；临床样品检测结果显示，PCR 方法阳性检出率最高，试纸条阳性检测率（60%）高于商品化的抗原检测 ELISA 试剂盒（48%）。

2. 分子生物学

在分子生物学实验室检测方面，较为常用且准确的方法有病毒分离、PCR、荧光定量 PCR 和恒温扩增法。

采集猪血液、脾脏、淋巴结等组织样本，接种猪肺泡巨噬细胞（porcine alveolar macrophages，PAM）等原代细胞。在细胞培养中加入猪红细胞后，多数 ASFV 毒株会产生红细胞吸附反应（HAD），即在感染的白细胞周围吸附猪红细胞形成"玫瑰花环"。由于部分 ASFV 毒株并不产生 HAD，若分离培养物中出现 CPE 而没有出现 HAD，则需采用免疫荧光或 PCR 等方法确认细胞中是否存在 ASFV；如果未出现 CPE，免疫荧光和 PCR 检测也为阴性，需传代 3～5 次，方可确认为阴性。在首次暴发 ASF 的地区，经 PCR、免疫荧光等方法检测为阳性的样品，建议采用 HAD 方法进行病毒鉴定。

常规 PCR 检测法基于凝胶电泳的常规 PCR 检测方法，其 ASFV 最低检出限多为几十到上百拷贝的 DNA。荧光定量 PCR 检测法与常规 PCR 相比，荧光定量 PCR 扩增的基因片段更短，通常更加快速、敏感，最低检出限可达几个到几十拷贝的 DNA 模板，是目前生产实践中 ASFV 检测应用最多的一类方法。恒温扩增检测法恒温扩增检测技术是近年分子诊断研究热点，具有两方面突出优势：一是可以使用水浴设备在单一温度下进行等温反应，无需昂贵的热循环设备，且反应时间短；二是可通过在体系中添加的颜料色彩变化或是在试纸条上形成检测线，直接肉眼判别结果，适合现场检测。

三、中兽医学辨证施治

1. 辨证治则

中兽医治病，是以辨证论治和整体观念为核心，贯穿于理、法、方、药全过程。认为大凡动物生病，多与气候、地域、环境和饲养管理有关，即由外感六淫、邪毒、疫疠之气和内伤饥饱劳逸引起。中兽医认为，本病的发生流行正是由于外界烈性疫毒传入，在养殖环境防卫缺失，疫毒迅速扩散增量的情况下侵害猪体致病，一年四季均可发生流行，但尤以农历 4～9 月的夏秋季节更为严重。此期或暴雨后持续高温，或久旱后阴雨骤降，暑、湿、燥三邪交替结合袭扰机体；若猪场地域特殊，房屋设施简陋，卫生条件不良，阴暗潮湿闷热；或北方低温室内供暖；抑或饲料储存管理不善，霉菌毒素污染，长期用药杂乱，致猪体免疫机能下降；或由于外界热毒、疫疠之气污染环境、饲料、饮水；或因引种、人员流动及生物虫媒带入疫源。此时，若机体对环境处于应激状态，热毒、疫疠之邪乘虚侵犯机体，正邪相搏而使患猪体温升高；高温灼烁，湿气蒸腾，湿困热熏，猪体产热大于散热；湿热蕴积，热毒逐步侵入卫气营血而使猪发生热毒瘟病。暑为阳邪，为夏季火热之气所化，暑邪助疫为患，灼肤耗津；暑性升散，大热亡阴，气随津脱而患猪呼吸困难；暑多夹湿，湿浊内郁，壅阻气机，则水湿输布升降失常，脾胃消化失司而食欲废绝。火热炎上，则患猪结膜潮红，眼分泌物增多；邪热侵犯气分，则出现高热，大渴，肌肤灼热；热毒侵犯心包，扰及心神，则患猪精神沉郁，嗜睡。若延误失治，病情继续深入，热毒内蕴，侵入营血，使心、肝、脾三脏的主血、藏血、统血功能紊乱，则患猪内在病变为脏腑、器官出血，外部表现为皮肤发红发紫，毛孔出血，皮肤斑疹等血热迫血妄行之状。

综合病因分析及临床辨证认为，非洲猪瘟属于热毒炽盛的瘟病疫疠。防控应以清热解毒、凉血救阴、保护脏腑为原则。

2．防控措施

1）中兽药防控

使用成品中兽药"内毒净"（加味黄连解毒散）+加味清瘟败毒散组合药物进行预防控制。

①预防方案（未病先防）

A．用药时机：猪场在具有下列情况之一时使用预防方案。

a．猪场发生疫情清栏处置后复养引种和新进猪苗；

b．猪场所在区域存在疫情风险；

c．猪场存在生物安全隐患；

d．南方气候高温高湿、北方低温室内供暖；

e．猪场或外围环境中检测出非洲猪瘟阳性或疑似阳性等。

B．用药方案。

"内毒净"（加味黄连解毒散）6kg＋加味清瘟败毒散 6kg，拌料 1000kg，第 1 月连用 15 天，第 2 月开始每个月连用 10 天。

C．生物安全防控及用药方案调整。

运用精准的非洲猪瘟检测技术，定期监测猪群健康状况，如猪群和环境检测均为阴性，在强化生物安全防护的前提下，可视情况适当延长用药间隙期。

②控制方案（既病防变）

A．用药时机：猪场出现非洲猪瘟疫情，有猪只发病死亡，或排查检测出疑似阳性猪只时应紧急使用该控制方案。

B．用药方案："内毒净"（加味黄连解毒散）10kg＋加味清瘟败毒散 10kg，拌料 1000kg。连用 20 天，间隔 10 天，第 2 月再持续用药 20 天。

C．生物安全措施及用药方案调整：应立即启动相关安全管控程序，运用精准的非洲猪瘟检测技术，及时清除发病猪只（群）；持续监测猪群健康状况，再酌情调整添加量和饲喂时间，同时严格落实好生物安全防护措施，如猪群稳定不再出现发病死亡，且猪群和环境检测均转为阴性，可调整为预防方案。

③适宜区域

适宜推广应用于所有生猪养殖区域。

④注意事项

a．为避免中兽药适口性问题导致采食量不足而影响药效发挥，建议适量添加甜味剂以增强适口性，但不能添加葡萄糖，通常 3～5 天可恢复至正常采食量。

b．使用紧急控制方案时，在用药过程中应运用精准的非洲猪瘟检测技术对用药猪群进行持续监测，直到不再出现猪只死亡同时检测全群转阴，环境检测也为阴性后方可停止使用控制方案，转为下阶段的预防方案。

c．使用"内毒净"组合方案对非洲猪瘟进行预防和紧急控制时，可同时达到对猪瘟、猪蓝耳病、猪圆环病毒病、猪伪狂犬、猪乙型脑炎、猪链球菌病、猪附红细胞体等其他疫病"异病同治"的防控效果，展现出中兽医学的核心"整体观"和中药特性的广泛作用。

d．在使用中兽药防控非瘟的过程中，尤其是进行紧急控制的过程中，不能饲喂扶正解毒散、黄芪多糖等温补类药物。

2）处方药防控

清瘟败毒饮：源自《疫疹一得》，由白虎汤、黄连解毒汤及清营汤三方去粳米、黄柏、银花、丹参、麦冬，加丹皮、赤芍、桔梗组合而成。

①药物剂量　生石膏120g（先煎），犀角6g（可用水牛角60g代替，挫细末冲服），生地30g，黄连20g，栀子60g，丹皮30g，黄芩30g，赤芍30g，玄参30g，知母30g，连翘25g，桔梗25g，竹叶30g，甘草10g。

②服用方法　以上药物剂量为1头成年大猪的药量，煎水拌料喂服或灌服，两天1剂，连服3～5剂。

③功效主治　具有泻火解毒、凉血养阴的功效。用于治疗一切火证。证见气血两燔，大热烦躁，渴饮干呕，昏狂，发斑，舌绛，脉沉细而数或浮大而数。

④药理作用　清瘟败毒饮为气血两清的经典方剂。方中生石膏清热泻火、除烦止渴为主药；知母配合生石膏以清阳明经热，助行药力为辅药；水牛角、生地、玄参、丹皮、赤芍清营凉血解毒，黄连、黄芩、栀子、连翘清热泻火解毒为佐药；桔梗开肺，载药上行，竹叶清心利尿，导热下泄，甘草调和诸药为使药。诸药合用，共起清解凉血的作用。

⑤辨证加减　发病早期（潜伏期、前驱期），宜用清瘟败毒饮去犀角、丹皮、玄参、赤芍，加紫苏、藿香、香薷、佩兰、苍术、葛根以芳香化湿、发表散热，排除湿邪阻碍气机之患，助行退热解肌之效，此期以解表清热、开窍化湿为主。发病中期（临床症状明显期），宜用清瘟败毒饮加苍术、黄柏、大黄、北沙参、麦冬、忍冬藤以清热泻火、凉血养阴、除湿通便，使内陷之热邪透营转气，此期间在清热泻火的同时重在养阴，防止高热耗伤阴液而引起急性心衰死亡。中后期（转归期），宜用清瘟败毒饮去黄连、桔梗，加北沙参、麦冬、大黄、当归、忍冬藤、桑枝以清热凉血、养阴润燥、活血通络。

3）民间验方

香附50g，白术65g，枳壳35g，槟榔12g，茯苓40～63g，泽泻50g，水牛角g，地黄230g，白芍35g，侧柏叶60g，丹皮42g，栀子47g，当归52g，巴戟天42g，大黄35g，甘草50g。

3．临床案例

1）某省城周边某规模化养猪场，同 1 栋育肥舍的 85 斤左右育肥猪 220 头。20××年×月 29 日发病，至 9 月 1 日总共死亡 9 头，临床诊断及实验室检测为疑似非洲猪瘟。

①用药方案　9 月 2～27 日用"内毒净"10kg+加味清瘟败毒散 10kg，拌料 1000kg，连续饲喂 26 天。停药 18 天后，10 月 16～30 日用"内毒净"6kg+加味清瘟败毒散 6kg，拌料 1000kg，连续饲喂 15 天。

②死亡统计　9 月 6 日至 10 月 10 日共死亡 10 头。

③检测统计　9 月 1 日用药前检测：阳性率 63%，10 月 19 日预防用药第 4天检测，阳性率 0%，环境检测为阴性。

④体重统计　9 月 1 日用药前 5 圈育肥舍猪只平均体重为 42.5kg，截至 10月 30 日该栋育肥舍猪只平均体重为 83.5kg。

⑤防控效果　治疗前 211 头，自 9 月 2 日用药开始至 10 月 30 日总共死亡及淘汰 10 头，成活率 95.26%。

2）某养殖集团旗下种猪场，大栏，已配种母猪共 209 头，2019 年 9 月 27日开始发病死亡，诊断为疑似非洲猪瘟，淘汰到 171 头，10 月 3 日开始使用"内毒净"组合方案进行紧急控制，用药 15 天后转为预防方案。用药初期继续淘汰了 30 头，剩下 141 头全群稳定，未继续发病，直到 2019 年 12 月底全部生产，健康状况良好，胎均健仔数 12.2 头。

3）某养殖集团公司旗下种猪场，母猪全群接种非科学疫苗，导致母猪产死胎、木乃伊胎比例增高，几个批次的母猪窝均健仔数仅为 4～5 头。该种猪场于 2019 年 12 月中旬开始使用中兽药紧急控制方案"内毒净"+加味清瘟败毒散拌料饲喂妊娠母猪。2020 年 2～4 月份产仔母猪窝均健仔数达到了 10 头左右。

4）某县高义村养猪户葛某，饲养大小生猪 183 头，其中能繁母猪 20 头，公猪 1 头。2019 年 8 月 17 日发病，半个月死亡 34 头，后经兽医实验室检测为疑似非洲猪瘟阳性，于 8 月 27 日、9 月 4 日两次共扑杀处置 134 头，有 15 头邻圈母猪无明显临床症状，有食欲。畜主强烈要求保猪，发誓严格按要求使用中兽药"内毒净"组合方案进行紧急控制。2019 年 9 月 5 日用药，后无发病死亡，9 月 30 日、10 月 15 日两次环境检测为阴性，正常淘汰了 3 头老龄体弱母猪，2019 年 11 月至 2020 年 10 月，共产仔猪 247 头，12 头母猪一切正常。坚持按程序使用中兽药进行防控，其间多次进行环境检测，均为阴性。

5）某县兴旺村养猪户张某，养殖生猪 87 头，2019 年 11 月 9 日发病，陆续死亡 41 头，11 月 19 经检测为疑似非洲猪瘟阳性，当晚扑杀 38 头，留下 3

头架子猪，5 头母猪未扑杀，严格按程序使用中兽药"内毒净"组合方案进行紧急控制，持续用药 2 个疗程后，8 头猪没有出现发病死亡，实验室检测均为阴性。

四、综合防控

1. 免疫预防

ASFV 虽然早在 20 世纪初就已被发现，但由于 ASFV 庞大的基因组和复杂的免疫逃避机制，目前尚无有效的疫苗预防。20 世纪 60 年代，研究人员进行了传统的灭活疫苗研究，之后探索了亚单位疫苗、核酸疫苗、病毒活载体疫苗、减毒活疫苗、基因缺失疫苗。尽管在目前最新的 ASFV 疫苗研究中，ASF 基因缺失疫苗已被证明能够提供完全的同源保护，但在实际应用前，需要对候选株毒力的安全性风险进行全面评估。亚单位疫苗中的 ASFV 保护性抗原大多不足以为接种猪提供完全保护，即使出现中和抗体也难以提供有效的免疫保护。虽然 DNA 疫苗可以诱导宿主产生高水平的特异性 T 细胞反应，但仍不能完全抵抗毒株的挑战。因此近年来，为了在抗体和细胞介导的 ASFV 免疫应答之间找到合适的平衡点，研究人员提出了复合 ASFV 抗原制剂的免疫策略。

目前预防和控制该病要依靠"早发现、早扑灭"和实施严格的运输管理及卫生措施，只有严格的卫生措施才能阻止猪与 ASFV 的潜在接触，降低养殖场再次暴发疫情的可能性。

2. 净化消除

我国农业农村部发布的《非洲猪瘟疫情应急实施方案（2020 版）》规定：疫点和疫区应扑杀范围内的生猪全部死亡或扑杀，在各项应急措施落实到位并达到下列规定条件时，当地畜牧兽医主管部门向上一级畜牧兽医主管部门申请组织验收，合格后，向原发布封锁令的人民政府申请解除封锁，由该人民政府发布解除封锁令，并组织恢复生产。

解除封锁后，病猪或阳性猪所在场点需恢复生产的，应空栏 5 个月且环境抽样检测合格；或引入哨兵猪饲养，45 天内（期间不得调出）无疑似临床症状且检测合格的，方可恢复生产。另外，不同猪场的非洲猪瘟疫情环境、防控压力、防控硬件及管理条件是不同的，需评估后制订适合本猪场的空栏时间，保障安全生产。复养的准备分为三步：一是复养前细致地评估，二是猪舍的清洗消毒干燥，三是灵活应用检测手段。

3．综合措施

（1）生物安全

目前我国的 ASF 防控重点是消除传染源和污染源，切断传播途径，这将是一项长期的工作。传染源和污染者主要包括死猪和感染猪，特别是无临床症状的感染猪，应进行扑杀和无害化处理，禁止进入运输、销售和屠宰环节。有必要加强运输车辆的清洁消毒和人员隔离；干燥、高温造粒、污染饲料酸化处理；对污染物质进行干燥和消毒、对污染水源进行消毒和酸化、对污染食品原料进行清洗和熟化等措施，旨在使环境中的 ASFV 完全灭活。此外，应采取适当措施，防止蝇/蚊/鸟机械传播 ASFV。最后，运输、屠宰、饲料企业、肉类加工企业应做好 ASF 的生物安全体系，采用一些相应的技术消除潜在的污染源。新建养猪场应满足猪瘟防控的生物安全要求，坚持科学设计、分区布局、物理隔离、分区分级、智能化管理的总体原则。

为了防止 ASFV 在养猪场的传播和控制疫情降到最低程度和范围，我们应该加强养猪场的生物安全制度建设，严格落实相应的卫生措施，主要包括以下6个。

①猪场外围设立洗消中心建设，作为第一道防线。对所有要进入猪场办公、生活区的车辆、人员、物品，先进行清洗消毒。

②围蔽三体系建设。围墙防疫体系：完善加高猪场周围围墙，只留大门口、饲料卸车装置、出猪台、出粪池等位置与外界连通，其他区域全部围蔽，不留任何漏洞。排水沟用铁丝网阻拦，防止猫狗进入。生活区与生产区围栏防疫体系：彻底隔离生产区与生活区，确保所有人员进出只能通过唯一大门口进入。猪舍与猪舍隔离体系：隔离区域、生产区域、环保区域之间筑建隔离带，用不同颜色的衣服，区分不同区域的工作人员，做到不交叉。

③独立区域化的生活区建设。配置其他人员不能自由进出的生产线人员专用餐厅、人员洗消间等。

④生产区内实验室建设。配备专业人员，做到检测不出场，场内自检。

⑤分区域设置焚化炉、圈舍之间单独设立收集转运废污码头、设施。

⑥设置视频监控系统；监督相关环节人员遵守防疫制度。

（2）生产管理

普及防控知识，增强防控意识。我国是养猪大国，约占世界生猪养殖数量的 50%，ASF 疫情对我国的生猪养殖造成巨大损失，所以要加大防控宣传力度，积极防范，可通过电视、网络、宣传册等形式定期开展科普宣传活动，并组织学习培训相关的防控知识。加强饲养管理在猪场内给予猪适当运动，提高免疫力。提供清洁饮水，禁止饲喂霉变饲料、餐厨泔水和猪肉制品。定期驱杀体内外寄生虫。加强排查监测加大对生猪交易市场、屠宰场、无害化处理厂、边境省份等重要和关键区域的巡查频次，并开展针对性抽样监测。

第二节

猪 瘟

猪瘟（classical swine fever，CSF）曾被称为猪霍乱（hog cholera，HC），俗称"烂肠瘟"，是由猪瘟病毒引起猪的急性热性全身败血性疾病，具有高度传染性，其流行范围广，世界各地都有暴发，造成了世界养猪业的巨大经济损失，OIE 将其列为必须报告的疫病，是猪病中危害最大、最受重视的疾病之一。根据临床症状可分为急性、亚急性和慢性 3 种类型。主要症状为高热积留，表现呆滞，行动缓慢，食欲废绝，母猪流产增加、产仔率低，产出死胎、木乃伊胎和畸形胎等，无论哪种类型，其发病率、死亡率都在 90% 以上。病理变化表现为各组织器官黏膜广泛出血，出现出血斑，淋巴结切面呈大理石外观，盲肠扁桃体或结肠纽扣样溃疡，脾脏边缘梗死。

一、疫病概况

（一）流行病学

1. 流行病史

猪瘟最早于 19 世纪 30 年代初在美国俄亥俄州暴发。猪瘟呈世界性分布，目前仍有近 50 个国家和地区存在猪瘟病毒，主要分布在南美、欧洲、亚洲，我国在 20 世纪 50 年代后期使用猪瘟兔化弱毒苗后，该病得到有效控制。近年来猪瘟的流行、发病特点及病原的毒力都发生了很大的变化，其中流行的形式从频繁发生的大流行转为周期性、波浪性、地区性流行或散发，流行速度缓慢，发病特点上表现为非典型性、温和性、无名高热甚至隐性型感染，临床症状显著减轻，发病率不高，病势缓和，死亡率低。

2. 易感动物

猪是本病唯一的自然宿主，各个年龄任何品种的猪均可感染猪瘟病毒，其中幼龄猪最易感。

3．传播媒介

患病猪和带毒猪是本病的主要传染源，易感猪与病猪直接接触，病猪排泄物、分泌物污染饮水和饲料是病毒传播的两种主要方式。病毒也可通过猪肉或猪肉制品传播到远方。未煮沸的带毒残羹是重要的感染媒介，人和其他动物也可机械地传播病毒。易感猪采食污染物感染病毒，通过口腔或咽部组织侵入机体，在扁桃体和淋巴组织大量增殖，引起病毒血症，并侵犯白细胞，随血液或淋巴循环扩散至全身。

（二）毒株进化

1．血清型变化

猪瘟病毒只有一个血清型，但分离到不少变异株。猪瘟病毒流行株可分为3 个基因群，每个群又分为3～4 个亚群。近 10 年来的地理来源和基因型分析发现，1 群分离株主要分布于南美洲和俄罗斯，2 群分离株主要存在于欧洲，3群分离株主要分布于亚洲。

2．毒力变化

瘟病毒野毒株毒力差异很大，有强、中、低、无毒株以及持续感染毒株之分。猪瘟病毒的毒力从弱到强均有体现，许多疫情的暴发都跟中等毒力的毒株有关。强毒引起典型的猪瘟，症状通常表现为高热、极度嗜睡、多器官的出血、神经症状、白细胞减少和高致死率，现在此型已经比较少见。中等毒力的毒株导致高热、轻度昏睡、淋巴器官内的轻度出血、短暂的白细胞减少和低致死率。发病猪没有致死，耐过后仍可能伴有间歇性发热和较差的繁殖性能。感染的新生仔猪表现为持续感染并终身带毒，无应有的免疫应答。

3．分子遗传进化

我国 CSFV 的分群研究大部分是基于 E2、E0 基因序列。20 世纪 90 年代将全国 191 株 CSFV 流行株的 E2 基因序列进行遗传进化分析，发现我国 CSFV分为 2 个基因型，4 个基因亚型，即基因 2 型中的 2.1、2.2、2.3 亚型和基因 1型中的 1.1 亚型。近来的研究表明，自 21 世纪初以后 2.2 和 2.3 亚型的流行优势逐渐减弱。目前 2.1 亚型为我国流行的亚型，其中 2.1b 亚亚型已成为流行的优势毒株，2.1c 亚亚型主要在我国南方流行。总之，2.1 亚型是流行最广泛的，其次是地方性散发的 1.1、2.2 和 2.3 亚型。我国 CSFV 流行株遗传多样性较强，广泛流行的 2 型毒株与欧洲流行株有一定的亲缘关系，可能源自相同的病毒祖先。尽管我国尚无 CSFV 基因 3 型毒株流行的报道，但有必要保持监测以防止其从中国周边地区如韩国、日本等传入。

（三）临床症状

猪瘟的潜伏期根据毒力的不同从 3～15 天不等，在实验条件下，从猪瘟病毒的暴露到发病一般需要 4～7 天。临床上，猪瘟的症状非常广泛，不仅仅是因为病毒毒力的不同，还与猪龄以及所处的饲养条件有关。免疫功能不全的猪发病更为严重，妊娠母猪通常比同龄的猪易感。如果没有并发症，绝大多数的猪都能够康复。根据临床特征，猪瘟可分为急性、亚急性和慢性 3 种类型。无论哪种类型，其发病率、死亡率都在 90%以上。

1. 急性型

急性型由猪瘟强毒引起，即典型猪瘟，常体现为剧烈、急性、全部死亡，但现在已不常见。病初仅几头猪显示临床症状，表现呆滞，行动缓慢，弓背怕冷，食欲减退。初期的症状是高热和嗜睡、寒战、扎堆，体温升高至 41℃，有的达到 42.2℃，高热稽留。猪呈现结膜炎，眼睛被大量渗出液黏附。最后，在猪的腹部、大腿和耳朵会呈现紫色斑点。发病全程可能会呈现抽搐，也有一些病猪会表现出神经症状，如磨牙、运动器官扰乱、惊厥等，几分钟后便可恢复。急性型猪瘟耐过后可转为亚急性型或慢性型，死亡率在 50%～60%之间。

2. 亚急性型

亚急性型又称温和型猪瘟或非典型猪瘟，由中、低毒力的猪瘟病毒引起，症状与急性型相似，但病情较为温和，其潜伏期更长（6～7 天），发病症状和病变不典型。绝大部分的猪病程较长，病死率低，死亡的多是仔猪，成年猪一般可以耐过。体温通常缓慢上升，最高达 40.5～41.1℃。猪喜欢扎堆但是仍可以站起、进食和喝水，食欲下降。行走时猪会呈现轻微的蹒跚，但是不会出现抽搐的症状。猪可能会有结膜炎，体重轻微减少，皮肤一般没有出血斑。有些猪会因为后期继发感染肠道沙门氏病菌而突然死亡。若阳性母猪或母猪于妊娠期感染猪瘟，可导致死胎、滞留胎、弱仔或木乃伊胎，死亡率为 30%～40%。

3. 慢性型

慢性型也称迟发型猪瘟，是由一些较低毒力的毒株引起的，除了会导致仔猪 40～40.5℃的发热外，没有其他的明显症状，病猪主要表现为皮毛粗乱，贫血，消瘦，体温时高时低，便秘与腹泻交替出现，有的病猪出现紫斑或坏死痂皮，该类型猪瘟死亡率为 10%～30%，耐过的病猪会成为僵猪，这些猪通常康复并成为病原携带者。

4．持续性感染型

该型猪瘟近年来在我国普遍存在，感染猪持续带毒。持续性感染是最容易忽视的猪瘟类型，也是引起猪瘟流行的原因之一，多发生在感染过猪瘟的猪场。感染猪无任何临床症状却可以持续向外界排毒，例如：妊娠母猪。一旦病毒携带者的抵抗力下降，就会引起新一轮的感染和流行。其症状较轻，且不典型，多为慢性，无发热或仅出现轻微发热，体温一般不超过40℃。少数病猪耳、尾和四肢末端有皮肤坏死，发育停滞。到后期则站立、步态不稳，部分病猪关节肿大从这类病猪分离到的病毒毒力较弱，但连续感染易感猪几代后，毒力可增强。带毒母猪也会出现受胎率下降、流产增加、产仔率低：产出死胎、木乃伊胎和畸形胎等。即使仔猪幸存下来，也会出现先天性震颤、抽搐，存活率低。

（四）病理损伤

1．急性型

强毒力毒株引起的典型猪瘟通常造成的病理变化都有广泛的组织趋向性。广泛感染多个组织，如内皮组织、上皮组织、淋巴器官、内分泌组织。内皮组织的感染会导致在肾皮质、肠道、喉、肺、膀胱和皮肤的黏膜出现血斑。上皮组织的感染有可能发生在整个消化道，扁桃体上皮的感染，并会造成坏死和脓肿。小肠和大肠的病理变化包括黏液性渗出物、出血、溃疡，其在长期的感染中更加容易形成溃疡。淋巴结大理石外观的症状最为典型，颌下淋巴结、肠系膜淋巴结以及胃、肝、肾会出现肿大、坏死、出血。脾梗死可以作为判定猪瘟的依据之一。

2．亚急性型

中等毒力的毒株造成的温和型猪瘟通常病理变化较为轻微，表现为有限的病理变化及其特定组织的趋向性。其通常只感染上皮组织。发病时有可能在胃、肝、下颌淋巴结出现出血点。少量的猪可能因为肠炎而死亡，病理变化表现为盲肠扁桃体或结肠的溃疡（纽扣样溃疡）。发病猪在几周的病期之后可能会产生软骨接头处的发育异常。在一些情况下，继发的肠道细菌扩散到肺部会导致死亡。肠系膜淋巴结可能会出现焦样坏死和出血。

3．慢性型

该型猪瘟通常不会让小猪产生较大的病理变化，而母猪通常会出现流产、死胎、木乃伊胎等一系列繁殖功能障碍。

（五）主要损失

猪瘟是由猪瘟病毒引起的一种急性、热性、高度接触性的传染病，为我国法定的一类动物疫病和OIE通报性疫病之一。在我国，CSF呈散发或地方流行，其特点为没有明显的季节性，一年四季均可发生，但以春秋两季最为严重。猪群感染猪瘟后，容易继发感染多种疾病，如猪繁殖与呼吸综合征、猪伪狂犬病、猪圆环病、副猪嗜血杆菌、传染性胸膜肺炎、附红细胞体和链球菌等疾病，加大了猪场防疫、诊断及治疗难度，仍是我国养猪业的重要威胁，给养猪业造成了严重的经济损失。

二、实验室确诊技术

1．免疫血清学

（1）正向间接血凝试验　猪瘟正向间接血凝试验是利用CSFV可以致敏红细胞，将猪瘟血清进行倍比稀释后进行抗原抗体反应，根据红细胞的凝集情况判断结果。该方法操作简单，可以检测猪瘟抗体效价，对免疫抗体进行监测。但是这种方法存在不能有效区分疫苗免疫抗体和野毒抗体的缺点。

（2）琼脂扩散试验　琼脂扩散试验是指将可溶性的抗原和抗体加在琼脂糖凝胶中，置于特定的温度和湿度条件下，抗体和抗原相遇可形成白色的沉淀物。该方法操作简便，不需要特殊的仪器，但该方法存在特异性、敏感性差的缺点，现在临床诊断中基本不采用此种方法。

（3）酶联免疫吸附试验　酶联免疫吸附试验（ELISA）是通过在酶标板上包被抗原或抗体，待检抗原或抗体会与之发生特异性结合，再通过二抗上的标记酶与底物之间的化学反应来检测抗原或抗体的一种检测方法。根据该原理已经分别建立了针对CSFV抗体的间接ELISA、阻断ELISA等ELISA检测方法。ELISA方法具有操作简便、实用性强、灵敏度高、重复性好、成本低的优点，而且适用于大量的临床样品的检测，是目前基.层临床诊断中比较常用的检测方法。

（4）间接免疫荧光试验　间接免疫荧光试验可用于CSFV抗体的检测，将接种CSFV的细胞作为抗原，加入疑似感染CSFV后的血清，并配合带有荧光标记的二抗，通过相应的荧光信号确定血清中是否存在 CSFV 抗体。

（5）猪瘟血清免疫胶体金试验　免疫胶体金检测技术是基于抗原抗体特异性结合的一种检测技术，该检测技术最大的特点就是操作简便且快速。该检测方法也适用于基层临床样品的快速检测，但面临大量临床样品时却不如 ELISA 方法操作简便。该检测技术根据胶体金标记物和检测线包被物的不同，既可以用来检测抗原也可以用来检测抗体。免疫胶体金检测技术已经成为当今最快速敏感的免疫学检测技术之一，具有巨大的发展潜力和广阔的应用前景。

2. 分子生物学

1）逆转录聚合酶链反应（Reverse transcription-polymerase chain reaction，RT-PCR）　RT-PCR 检测方法是指从病料中提取核糖核酸（Ribonucleic acid，RNA）进行反转录得到 cDNA，应用特异性引物进行 PCR，通过琼脂糖凝胶电泳确定与目的条带大小相符后进行测序，最终根据测序结果确定是否为猪瘟阳性样品。RT-PCR 方法操作简便且灵敏性较高，应用该方法可从血液、组织、细胞病毒液中检测到 CSFV 的存在。但该方法在加样过程中容易出现模板、引物等污染问题，从而导致检测结果出现假阳性的现象，且不适用于大量临床样品的检测。

2）逆转录巢式聚合酶链反应（Reverse transcription-nested polymerase chain reaction，RT～nPCR）　RT～nPCR 方法为复合巢式 RT-PCR 反应，该鉴别诊断方法具有灵敏度高和特异性好等优点。

3）荧光定量 RT-PCR 方法　RT-PCR 检测法是通过实时检测循环产物荧光信号可以对起始模板进行定量和定性分析。该检测方法广泛应用于分子生物学、遗传学和临床医学。具有良好的特异性、敏感性和重复性。

4）DNA 芯片技术　该技术是指在固相支持物上原位合寡核苷酸或者直接将大量预先制备的 DNA 探针以显微打印的方式有序地固化于支持物表面，然后与标记的样品杂交。通过对杂交信号的检测分析，得出样品的遗传信息（基因序列及表达的信息）。

5）环介导恒温扩增技术（Loop-mediated isothermal amplification，LAMP）LAMP 检测是一种新型的基因扩增技术，该技术只需应用软件针对目的基因设计几对引物，在室温条件下对目的条带进行基因扩增四。该方法操作没有 PCR 方法的烦琐，且不需要 PCR 仪，通过肉眼观察其颜色变化就可判定是否为阳性样品。LAMP 检测方法不需要 PCR 仪等复杂仪器，适合基层临床样品的检测，但该方法由于灵敏度较高，容易出现假阳性的现象，且对于试剂、技术人员的要求较高。

三、中兽医学辨证施治

1. 辨证治则

参见本章第一节非洲猪瘟。

2. 民间验方

验方 1：7 只蝼蛄捣烂，和 120g 皮硝一起用温开水调服，每日一剂，连用 2~3 剂。

验方 2：黄连 15g，黄柏、黄芩、连翘、扁豆各 20g，银花 25g，煎水滤渣取液内服，每天 1 剂，连用 2~3 剂。

四、综合防控

1. 免疫预防

1）疫苗

猪瘟兔化弱毒疫苗 20 世纪 50 年代，我国科学家将 CSFV 强毒株在兔体中连续传代，培育成功了一株猪瘟兔化弱毒疫苗，即 C 株。C 株疫苗因其安全有效，从创制至今应用最为广泛。

核酸疫苗也称基因疫苗，分为 DNA 疫苗和 RNA 疫苗两种，目前对核酸疫苗的研究主要以 DNA 疫苗为主。CSFV 核酸疫苗是指将 CSFV 主要保护性抗原基因与表达载体连接获得重组质粒，直接免疫动物，使保护性抗原蛋白在宿主体内直接表达，诱导机体产生免疫保护。DNA 疫苗制备方式简单，不需特定病原微生物，可以将多种质粒 DNA 简单混合制备多价疫苗，从而诱导机体产生针对多个抗原的免疫保护作用。但 DNA 疫苗中外源基因的表达水平普遍偏低，抗体产生速度慢，需要的接种剂量较大，同时也存在质粒 DNA 整合入宿主基因组的潜在风险。

病毒活载体疫苗，随着分子生物学技术的不断成熟完善，对已知病毒进行改造使其作为重组目标抗原的载体，已成功应用于研制疫苗、新型生物药物等多个领域。重组活载体疫苗是利用基因工程技术将异源病毒的保护性抗原基因和启动子调控序列等插入病毒复制的非必需区经体外同源重组而获得的。外源基因直接插入改造后的病毒复制非必需区，不影响病毒的复制。目前，可用于表达外源性蛋白的病毒载体有痘病毒、伪狂犬病病毒、腺病毒、杆状病毒及逆转录病毒等。

合成肽疫苗，CSFV 合成肽疫苗是指利用 DNA 重组技术，根据 CSFV 基因组核苷酸序列，推导其编码蛋白的氨基酸序列，再利用人工合成方法制备主要抗原蛋白相应的寡肽，辅以佐剂制成的疫苗。

亚单位疫苗，亚单位疫苗是将编码某一抗原蛋白的基因导入受体细胞，比如酵母、转基因植物、昆虫细胞、动物细胞、转基因动物及大肠杆菌等，使其高效表达制成亚单位疫苗。

2）免疫程序

商品猪：25～35 日龄初免，60～70 日龄加强免疫一次。

种猪：25～35 日龄初免，60～70 日龄加强免疫一次，以后每间隔 4～6 个月免疫一次。

散养猪：春、秋两季对所有应免猪各实施一次集中免疫，对新补栏的猪每月定期补免，有条件的养殖户可参照规模养殖猪的免疫程序进行免疫。

紧急免疫，发生疫情时对疫区和受威胁地区所有健康猪进行一次加强免疫。最近 1 个月内已免疫的猪可以不进行加强免疫。

调运免疫，对调出县境的种猪或非屠宰猪，在调运前 2 周进行一次加强免疫。

2．净化消除

1）净化策略

①普及免疫

全面实施免疫注射，确保抗体合格率达到 90%以上，整个猪场处于稳定控制状态，即"免疫无疫"。

制订合理的免疫程序：在制定免疫程序时，要充分考虑抗体产生规律、母源抗体影响、疫苗及饲养动物用途等诸多因素，并根据抗体水平检测结果作适当调整。

选择合适的猪瘟疫苗：疫苗毒株选择，常用疫苗比较。

正确注射猪瘟疫苗：按照疫苗说明书和操作技术规范注射疫苗，特别强调不能随意加大剂量。

适时检测猪瘟免疫抗体：抗体检测是免疫效果评价的主要手段，也是验证和修订免疫程序、检验疫苗质量的重要依据。可以每半年进行一次，商品猪按30%抽样，种猪全部采样。商品猪的猪瘟抗体阳性率应达到 90%以上，种猪应达到 100%。种猪抗体水平不达标的要及时补免，多次接种均不能产生抗体的种猪，予以淘汰。

②淘汰病原检测呈阳性的病例

对有可疑临床症状（包括流产、死胎）的病例，应全部采样检测，以便对本场的感染情况有一个准确了解。

每半年对所有种猪进行一次检测，重点是查清隐性感染情况，对病原学阳性种猪应全部扑杀，并作无害化处理。连续两年均没有猪瘟病原检出，视为达到净化标准。

③补充后备种猪

后备种猪要从具备种猪经营资质的种猪场引种，经猪瘟抗体检测合格且抗原检测呈阴性方可引入，引进后必须隔离饲养1个月以上再次检测合格后才能混群饲养。

④配套管理措施

落实生物安全措施猪场选址、布局、消毒及无害化处理设施设备等符合《动物防疫条件审查办法》及环保相关要求，并取得《动物防疫条件合格证》。建立并有效落实清洁消毒制度、粪污及病死动物（含流产死胎）无害化处理制度、隔离饲养制度等。

实行科学饲养管理　坚持自繁自养、封闭管理和全进全出饲养模式，有条件的分点饲养、分群饲养；不混养其他动物；禁止泔水喂养和使用动物源性饲料；按免疫程序及时接种疫苗，并做好防疫档案记录。

免疫无疫评估抽样和检测要求见表1-1所列。

表1-1　免疫无疫评估抽样和检测要求

检测项目	检测方法	抽样种群	抽样数量	样本类型
病原学检测	PCR	种公猪	生产公猪存栏50头以下，100%采样；生产公猪存栏50头以上，按照证明无疫公式计算（CL=95% P=3%）	扁桃体
		生产母猪、后备种猪	按照证明无疫公式计算（CL=95%，P=3%）；随机抽样，覆盖不同猪群	

配置专业设备及人员，开展抗体检测和病原监测，如无条件也可委托第三方机构进行。

2）净化群（个）体评价

①净化示范区评估标准

同时满足以下要求，视为达到免疫无疫标准。

a. 净化示范区内种猪场公猪、生产母猪和后备猪抽检，猪瘟病原学检测均为阴性。

b．净化示范区内连续两年以上无疫情。

c．现场综合审查通过。

同时满足以下要求，视为达到净化标准。

净化示范区内生猪养殖场和散养户抽检，猪瘟病毒抗体检测均为阴性。

净化示范区停止免疫两年以上，无疫情。

现场综合审查通过。

②抽样检测

一个养殖场、养殖小区或一个自然村设定为一个场点。现场采样按分层系统随机抽样（等距抽样）进行，种猪场、商品猪场、养殖小区和自然村各抽取一个场点采样。

净化评估抽样和检测要求见表1-2所列。

表1-2　净化评估抽样和检测要求

检测项目	检测方法	抽样种群	抽样数量	样本类型
抗体检测	ELISA	种公猪	生产公猪存栏 50 头以下，100%采样；生产公猪存栏 50 头以上，按照证明无疫公式计算（CL=95%，P=3%）	血清
		生产母猪、后备种猪	按照证明无疫公式计算（CL=95%，P=3%）；随机抽样，覆盖不同猪群	
		商品猪	按照证明无疫公式计算（CL=95%，P=3%）；随机抽样，覆盖不同猪群	
		养殖小区和自然村散养户生猪	按照证明无疫公式计算（CL=95%，P=3%）；随机抽样，覆盖不同猪群	

3．综合措施

1）制订科学合理的免疫程序

每个猪场免疫程序应根据本场实际免疫情况确定种猪群及仔猪的免疫程序，而不是盲目制定或者使用其他猪场免疫程序，可以采用普防的方法或产前30~40天和产后20天跟胎免疫两次的方法进行免疫。对于仔猪，有条件的猪场最好通过监测母源抗体的衰减规律来确定首免日龄，这样既可以提高仔猪抗体水平，减少母源抗体干扰，又可减少疫苗浪费。

2）加强猪场免疫及病原监测

对于猪场常规化的免疫监测，有利于掌握猪群整体免疫状况，特别是仔猪在各阶段的免疫情况更能反映猪场的防疫情况，同时也对疫苗效果进行评定，有利于猪场筛选疫苗。对病原的检测，可以快速诊断疾病，了解猪瘟在本场的流行情况，再结合免疫情况，调整猪场免疫程序，找到问题所在，避免疫情扩大，减少损失。

3）坚持自繁自养

自繁自养可以减少猪场疾病的发生概率。如需引进种猪或仔猪，最好到防疫和管理水平较高的规模场引进，多了解猪场免疫情况及饲养管理情况，严控疾病的引入，进入猪场后隔离1～2个月，如是种猪，此期间可采血检测免疫情况及病原，确保引进种猪安全性。

4）疫情处理

现在猪瘟主要是散发、点发，以慢性猪瘟和非典型猪瘟为主，发病后可以使用猪瘟疫苗，以组织苗为佳，进行紧急接种，效果比较快；若是大面积暴发，那就封锁猪场，进行扑杀，焚烧，掩埋，同时做好全场的消毒及附近区域的防疫。

5）新型疫苗的研发与应用

现在国内猪瘟疫苗主要是C株冻干苗，对猪瘟防控起到了关键作用，作出了非常大的贡献。但是冻干苗存在散毒及受母源抗体干扰等问题，基因工程亚单位猪瘟疫苗，此类疫苗免疫不受母源抗体干扰，不存在散毒风险，使用安全，还可以区分野毒与疫苗，对猪场净化意义重大。

第三节

猪 蓝 耳 病

猪繁殖与呼吸综合征（PRRS）是一种由猪繁殖与呼吸综合征病毒（PRRSV）感染后引起猪繁殖障碍和呼吸系统疾病的病毒性传染病。由于感染猪会出现耳廓尖部"发绀"，又称"猪蓝耳病"。世界动物卫生组织（OIE）将其列为法定报告动物疫病，同时也是我国重点防范的二类动物疫病。其临床特征是引起母猪流产、产死胎、木乃伊胎和弱仔，其余各年龄段猪群主要以呼吸道症状为主，仔猪感染发病后能够导致间质性肺炎、胸腺发育不全、全身淋巴结充血、出血等病理损伤。同时由于 PRRSV 的病毒繁殖特性，猪群感染 PRRSV 后主要损害宿主免疫系统，造成猪群免疫力下降，从而继发感染其他病毒和细菌，仔猪死亡率高达 30%～100%，造成严重的经济损失。

一、疫病概况

（一）流行病学

1. 流行病史

PRRS 疫情于 1987 至 1988 年间在美国的北卡罗来纳、明尼苏达及爱荷华等养猪大州首先发生，随后是加拿大（1987），其后 3 年间，美国 19 个州 1611 个猪场、加拿大 3 个省 187 个猪场陆续暴发该病。主要表现为母猪流产、早产、产木乃伊胎等繁殖障碍，断奶猪发生呼吸道症状、生长迟缓以及死亡率增加的症状。但当时由于病因不明，对该病暂命名为"神秘病"（mystery swine disease，MSD）。1990 年，荷兰中央兽医研究所的研究人员最早通过"科赫法则"实验报道这种疾病的病原是一种小的有囊膜的 RNA 病毒。与此同时，北美研究人员也分离到了一种类似的病毒 VR-2332。20 世纪 90 年代初，亚洲的日本、韩国、泰国以及我国台湾地区相继出现疫情。我国于 1995 年在北京的郊区开始流行该病，郭宝清于 1996 年首次分离到 CH-1a，杨汉春最早完成了国内第一株

PRRSV BJ-4 株的全基因组测序，从而证实 PRRS 在我国的存在。

2．易感动物

PRRSV 具有很强的宿主专一性，其易感动物只有猪和野猪，各种品种、不同年龄的猪均易感，但主要以种猪、妊娠母猪和断奶仔猪最为易感。

3．传播媒介

该病有多种传播途径，具有高度接触传染性。呼吸道是 PRRSV 侵害的靶器官，鼻腔接种病料可成功地复制该病。研究表明，PRRSV 能够通过口、鼻腔、肌肉、腹腔、静脉及子宫内接种感染猪只，特别是与带毒猪直接接触。目前生产中最主要的传播途径是引种、猪只调运以及配种。

（二）毒株进化

1．血清型变化

PRRSV 主要有两个血清型，分别为Ⅰ型（欧洲型）和Ⅱ型（美洲型），两种基因型的核酸同源性只有 50%～70%。

2．毒力变化

欧洲型和美洲型 PRRSV 毒株的毒力差异在各自亚型之间均有明显的差异。欧洲型 PRRSV 毒株种，流行在东欧地区的欧洲型 PRRSV 毒株亚型 2（原型毒株 Bor）和亚型 3（原型毒株 Lena）毒株较 1 型毒株更强，其中 3 型毒株的毒力与亚洲地区的高致病性美洲型 PRRSV 相近。随着毒株遗传进化，欧洲型亚型 1 毒株的毒力随之增强，2013 年比利时发现的 Flanders13 毒株除了导致繁殖障碍以外还能够导致发热和呼吸道症状，毒力显著增强。而 PRRSV 毒力演变最为明显的是在中国暴发的 PRRS 流行中的主流毒株，早期中国流行的美洲型谱系 8 毒株毒力相对较弱，感染猪后能够导致繁殖与呼吸道临床症状，但临床症状相对较轻。2006 年暴发的高致病性 PRRS 直接导致 40 万头生猪死亡，感染后能使成年猪和怀孕母猪死亡；而随着防控方案优化，高致病性 PRRS 逐渐得到控制；2014 年，一种于美国流行的 NADC30 毒株传入中国后发生重组，逐渐演化出了一种比高致病性 PRRSV 毒力弱的中毒力毒株类 NADC30 毒株。

3．分子遗传进化

由于 PRRSV 的变异和重组演化，两个基因型又分别演化出若干个谱系，欧洲型 PRRSV 分为 4 个谱系，subtype1 又称为泛欧洲型（Pan-European types），在欧洲和全球其他地区流行，subtype2、subtype3 和 subtype4 属于东欧型（Eastern European types），主要局限于东欧各国和俄罗斯地区流行；欧洲型毒株的一个显著的特点是其 N 蛋白具有多态性，N 蛋白编码的氨基酸在 124～132aa 不等。目前国内仅有部分地区报道了欧洲型 1 亚型毒株的感染和发病。基因 II 型毒株由于流行范围广，疫苗品种多，形成了多种亚型同时存在流行，依据 ORF5 基因的遗传进化分析结果显示，II 型毒株被分为 9 个不同谱系，国内流行的主要有 5 个谱系，分别以 JXA1 类和 CH-1a 类为代表毒株的谱系 8、VR2332 类为代表的谱系 5、QZZY 类为代表的谱系 3、NADC30 类为代表的谱系 1 和谱系 9。而国内流行毒株依据流行时间和独立变化依照流行时间先后顺序分别命名为经典 PRRSV、高致病性 PRRSV、NADC30 类 PRRSV，其中目前临床分离株研究表明，NADC30 类毒株更容易发生重组。基因 II 型毒株的一个显著特点是其 Nsp2 蛋白的连续缺失，高致病性 PRRSV 的 Nsp2 蛋白较经典 PRRSV 有 30 个氨基酸缺失，而 NADC30 类 PRRSV 较经典 PRRSV Nsp2 蛋白出现了 131 个氨基酸的连续缺失。

（三）临床症状

PRRSV 主要危害猪的呼吸系统和繁殖系统，病猪的临床发病症状主要为呼吸道症状和繁殖障碍；猪蓝耳病病程在 2～6 周，潜伏期随地区、季节养殖模式不同而有所差异，临床种一般分为急性型、慢性型和亚临床型。经产和初产母猪感染 PRRSV 发病后，体温升高至 40～41℃，精神沉郁，食欲废绝，呼吸困难，少数病猪的耳尖及腹部、乳头、外阴和尾部等位置发绀，以耳尖颜色异常最为常见（图 1-1（a））。妊娠母猪感染后发病主要以流产及早产和产弱仔为主（图 1-1（b）），初生弱仔死亡率高达 80%～100%。仔猪感染 PRRSV 发病后，死亡率极高，主要出现高热、呼吸困难、肌肉震颤、后驱麻痹、嗜睡、喷嚏，食欲废绝（图 1-1（c））。断奶仔猪出现咳嗽及肺炎等症状，个别猪会出现关节炎及下痢等现象。育肥猪感染 PRRSV 发病后，体温升高到 41℃，呼吸异常，呼吸频率明显加快，采食量下降、身体多个部位皮肤呈红色，出现剧烈咳嗽。种公猪感染 PRRSV 后临床症状并不明显，但 PRRSV 能够侵染其睾丸组织，造成精液质量下降，出现精子畸形等现象，降低母猪受孕率，且容易使母猪感染。

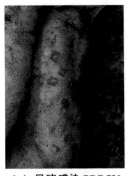

（a）母猪感染 PRRSV　　（b）妊娠母猪感染 PRRSV　　（c）仔猪感染 PRRSV 后嗜睡
　　　发病　　　　　　　　　　流产　　　　　　　　　　和发绀

图 1-1　PRRSV 感染猪的临床症状

（四）病理变化

PRRSV 感染发病猪只剖检后发现大部分猪只出现以下病症：血液凝固不良，胸腔中有很多红色或黄色积液，部分存在纤维性渗出物；全身淋巴结发生充血、肿大、发红，颌下淋巴结、腹股沟淋巴结、肠系膜淋巴结明显突出；喉头、气管发生出血，部分气管内含有大量血样泡沫；肺部水肿，弥漫性出血，肺间质有所增宽，少数出现肺脏萎缩；肝脏肿大，表面常见灰白色坏死灶；胆囊肿大，胆汁积留或干枯；肾脏发生出血；心脏、心冠状沟脂肪及心内、外膜等存在出血点，绝大多数病例心基部见喷洒样出血点；胃底部黏膜发生出血或者溃疡，肠道存在充血、出血，少数存在坏死。

（五）主要损失

猪群感染 PRRSV 后造成的主要经济损失主要包括种猪繁殖性能下降以及育肥猪的生长性能下降。PRRSV 对母猪繁殖性能的影响复杂多变，从严重到轻微，从流产或死胎，有时甚至出现母猪死亡到较常见的早产、母猪产程缩短或延长、弱仔或不合格仔猪数增多。保育和生长育肥阶段最为典型的临床症状是呼吸系统的问题，导致生长缓慢、饲料转化率降低、死亡率更高。同时，由于 PRRS 发病后能够导致猪群免疫力下降，激发感染其他病原菌，从而导致病程加剧，影响育肥猪的日增重、饲料转化率、存活率（直至出栏）、胴体率，增加成本投入，造成巨大经济损失。

二、实验室确诊技术

1. 免疫血清学

血清学抗体诊断技术是应用最为广泛的实验室诊断方法，目前检测血清中

PRRSV 抗体的方法共有 4 种，分别为免疫过氧化物酶单层试验（IPMA）、间接免疫荧光试验（IFA）、血清中和试验（SN）、酶联免疫吸附试验（ELISA），目前生产中常用的血清学诊断技术为 ELISA 检测技术。ELISA 主要用于检测猪蓝耳病病毒抗体，可测定出感染 2 周的病毒抗体。目前市场上有售各种类型的 ELISA 试剂盒，分别可检测针对 PRRSV GP5 蛋白、M 蛋白、N 蛋白的特异性抗体；N 蛋白抗体是 PRRSV 感染猪后最早产生的抗体，但其不具备中和病毒的能力，故只能作为判定野毒感染和疫苗免疫后疫苗毒株在体内发生免疫反应的水平，不能作为中和抗体的评定标准，而 GP5 和 M 蛋白均含有中和抗体表位，针对 GP5 和 M 蛋白研制的 ELISA 血清检测方法能够作为评估猪群疫苗免疫后群体中和抗体产生水平。

2. 分子生物学

分子生物学诊断方法在实验室检测方法中主要针对病原核酸开展的特异性检测技术，目前在 PRRSV 诊断中应用广泛，依据聚合酶链式反应（PCR）检测技术，先后研发了 PRRSV 的 RT-PCR 检测方法、荧光定量 RT-PCR 检测方法；同时研发了快速检测的 RT-LAMP 高效诊断方法。PRRSV RT-PCR 检测方法关键在于特性引物的设计，PCR 扩增的目标基因因目的不同而做不同的选择，Nsp2 蛋白基因因毒株之间缺失片段大小不同，引物扩增的 PCR 产物片段大小不同，常作为鉴别诊断不同 PRRSV 亚型毒株；编码 N 蛋白的 ORF7 基因在不同亚型毒株之间的高度保守型，常被用于确证 RT-PCR 诊断技术和荧光定量 RT-PCR 检测技术的靶标扩增基因的首选。RT-LAMP 检测方法首选目标基因为 ORF7，因其基于单链环状结构的核酸扩增技术，4 对引物反复循环扩增，检测灵敏度是荧光定量的 10 倍以上，但由于其高灵敏性，在实际生产中容易因污染出现假阳性。

三、中兽医辨证施治

1. 辨证治则

参见本章第一节非洲猪瘟。

2. 防控措施

参见本章第一节非洲猪瘟。中兽医对于猪蓝耳病防控，在现代规模养殖中，使用中兽药加味黄连解毒散（内毒净）和加味清瘟败毒散组合方案进行预防及紧急控制，比使用处方药防控的现抓现配、打粉（煎煮），在时间、疗效和经济上更具有优势。

3．民间验方

鲜鸡蛋 1 枚，凿破小口，用注射器吸取蛋清，肌注。每次注射 20mL，每天 1 次，连用 1～3 次。

4．临床案例

1）2013 年 6 月 12 日，某县新丰村黄某猪场，因 45 头体重 30～45kg 猪高热不食求诊。主诉：3 天前有 12 头猪突然减食，个别猪出现轻微呕吐、拉稀，昨天已发病过半，特来求诊。到场查看猪场位置，见猪场建于一山坡上，门外 200m 有一条河流，畜主称平时早上常有雾气漫过猪场。经检查：患病猪群精神不振，90%猪食欲显著减少，部分猪停食，鼻流黏液，随机抽查其中 23 头，体温 40～42℃左右，有的肚腹胀满，消化不良，少数猪仍便溏，有 5 头最早发病的猪皮肤潮红，结膜充血，眼部有泪痕，脉浮大而数。

治疗：以芳香化湿、发表散热为治则。方选清瘟败毒饮加减。

药用：紫苏、藿香、香薷各 600g，生石膏 1500g（先煎），苍术、葛根各 500g，黄连、栀子各 350g，黄芩、知母、连翘、生地各 450g，桔梗、竹叶各 400g，甘草 250g。煎水，候温，轻者饮水给药，重者灌服，每天 2 次，2 天 1 剂。6 月 14 日复诊，随机抽检 15 头猪，体温 39～41℃，皮肤潮红症状消失，部分猪食欲好转，拉稀已停止，继续按上方再服 1 剂。6 月 16 日再诊，所有猪精神、食欲显著改善，体温 40℃以下，为巩固疗效，防止断药后反弹，遂将上方易为：香薷、佩兰各 500g，生石膏 1000g（先煎），苍术、山楂、神曲各 400g，黄连、栀子各 300g，黄芩、黄柏、连翘、生地各 450g，桔梗、竹叶各 400g，甘草 250g。煎水，候温拌料内服，每天 2 次，2 天 1 剂，继服 2 剂，嘱其在饮水中添加电解多维，增加防暑降温设备。6 月 20 日 4 诊，45 头猪无一死亡，全部康复。

2）2014 年 7 月 23 日，某县西兴寺村李某猪场，因 82 头体重 25～90kg 的猪暴发高热死亡求诊。主诉：猪群于 7 月 14 日开始发病，为减少损失，于 15 日对 82 头猪紧急接种了猪瘟脾淋苗各 5 头份，从 17 日开始出现死猪，自己用黄芪多糖、头孢噻呋钠、双黄连注射液、氟苯尼考、地塞米松等轮番注射后，死猪加剧。20 日请兽医诊断，用混感高免血清、干扰素、清开灵、磺胺间甲氧嘧啶钠等交替注射治疗 3 天，效果不明显。从 17 日到 23 日早上共计死亡 20 头，急求诊。经到场查看，猪场坐落在一山坳低洼处，粪污排出口略低于导流输出口，房屋为农村旧房改造而成，低矮潮湿闷热，舍内空气不畅，圈舍卫生极差，62 头猪全部发病。临床证见：患猪精神沉郁，体温 41～42.5℃，仅有 26

头猪少量采食，其余猪食欲废绝，部分猪呼吸困难，60%猪皮肤潮红，结膜充血，大便秘结，小便短少色黄，有 20 头猪已出现皮肤不同程度发绀，其中 5 头站立不稳，伏卧于地，脉洪数。

治疗：以泻火解毒、凉血养阴为治则。方选清瘟败毒饮加味。

处方：生石膏 1000g（先煎），水牛角 500g（冲服），北沙参、麦冬、大黄、生地、黄连、栀子、丹皮各 350g，黄芩、赤芍、玄参、知母各 300g，连翘、桔梗、竹叶各 350g，忍冬藤 500g，甘草 200g。以上剂量为 10 头猪剂量，分别配取 5 剂（群体用药剂量可酌减），煎水，综合在一起混匀，候温灌服，每天 2 次，每次视其个体大小分别灌服 400～650mL，2 天内服完 5 剂。当日下午灌药前又死亡 1 头，24 日上、下午各死亡 1 头（其中一头为灌药应激，窒息死亡），25 日全天未死猪，下午继续按上方再配取 5 剂，同法灌服。嘱畜主在饮水中加入电解多维，注意灌药方法，有食欲者尽量拌可口料喂服，减少应激。7 月 27 日上午复诊，余下的 59 头猪，精神、食欲明显好转，有 42 头能通过拌料分次喂药，随机检查其中 10 头，体温 39～41℃，皮肤潮红有所减退，大便秘结减轻。

药用：生石膏 1000g（先煎），水牛角 500g（冲服），北沙参、麦冬、大黄、生地、栀子、丹皮、连翘、黄柏、苍术各 350g，黄芩、赤芍、桔梗、知母、竹叶各 300g，忍冬藤 500g，甘草 200g。同法煎水，轻者拌料喂服，重者仍灌服，每天 2 次，2 天服完 5 剂，连续用药 4 天。8 月 1 日上门检查，59 头猪中 57 头已痊愈，有 2 头猪体温 39～40℃，食欲时有时无，鼻盘干燥，大便仍秘结，行走无力，脉细数。

药用：玄参、北沙参、麦冬、大黄、生地各 60g，黄芩、栀子、丹皮各 50g，赤芍、知母、连翘、丹参、当归各 40g，忍冬藤、桑枝各 50g，甘草 25g。煎水，候温灌服，每天 2 次，2 天 1 剂，连服 2 剂。20 天后随访，2 头猪除采食量较少外，其余症状全部消失。

3）2014 年 8 月 19 日，某县东方红村张某猪场，因 16 头母猪发热久治不愈求诊。主诉：自己养有能繁母猪 20 头，自繁自养，15 天前猪场发生高热病，经兽医持续打针治疗，效果不明显，已陆续死亡 4 头，其余妊娠母猪流产，其中 1 头临产母猪产下 14 头死胎，5 头母猪食欲废绝，其余采食很少，故求诊。到场查看，猪场坐落在平坝开阔地带，四周为环形浅丘，房屋为石棉瓦盖顶，无防暑隔热设施。证见患猪精神沉郁，呼吸短促，食欲时有时无，体温 40～42℃，口渴喜饮，喜食青绿饲料，鼻盘干燥无汗，其中 4 头鼻盘龟裂，母猪行走无力，腹底部、会阴等处皮肤斑疹明显，大便干结难下，小便短少色黄，流产母猪阴户红肿，恶露不尽，脉象沉数。

治疗：以清热凉血、养阴润燥、活血化瘀为治则。方用清瘟败毒饮加减。

药用：生石膏 1000g（先煎），水牛角 600g（冲服），麦冬、生地、益母草各 500g，天花粉、炒蒲黄、桃仁、栀子、丹皮、知母、黄芩、赤芍、大黄、当归各 400g，甘草 200g。

煎水，候温灌服，每天 2 次，2 天 1 剂，连服 2 剂。8 月 23 日复诊，除 1 头母猪灌药后病情加重外，其余母猪精神、食欲好转，流产猪阴户红肿消退，恶露已净，随机抽检其中 5 头母猪，体温 39～40℃，大部分猪开始采食，大便秘结稍减。

更换处方：生石膏 1000g（先煎），水牛角 600g（冲服），当归、北沙参、麦冬、生地、忍冬藤各 500g，天花粉、栀子、丹皮、苍术、黄柏、黄芩、赤芍、大黄各 400g，甘草 200g。煎水，候温，有食欲者拌可口料喂服，食欲少者灌服，每天 2 次，2 天 1 剂，连服 2 剂。8 月 28 日再诊，除灌药呛肺母猪已死亡和部分猪食欲较少外，其余症状基本消失。再易处方：当归、北沙参、麦冬、生地、忍冬藤各 500g，天花粉、栀子、丹皮、苍术、黄柏、黄芩、赤芍各 400g，山楂、神曲各 450g，甘草 200g。煎水，候温，同前法内服，每天 2 次，2 天 1 剂，连服 2 剂。10 天后随访，已痊愈。

四、综合防控

1. 免疫预防

1）疫苗

1994 年，已经有预防 PRRSV 的商品化疫苗。当前，商品化的 PRRSV 疫苗有 2 种类型，即灭活疫苗和减毒活疫苗。另外，许多文献报道了亚单位疫苗，然而，即便是同源毒株，亚单位疫苗也不能提供足够的保护。实验条件下，灭活疫苗也只能提供极其有限的保护，例如用强毒株攻击灭活疫苗免疫的小猪，并不能阻止或减少病毒血症。在母猪上，灭活疫苗不能预防流产，也不能阻止强毒的垂直传播。在公猪上，灭活疫苗不能改变病毒血症的持续时间和强度，病毒会持续存在于公猪精液中。与灭活疫苗相比，减毒活疫苗可以提供更有效的保护效果。当前的减毒活疫苗对同源毒株可以提供完全保护，对同一基因亚型的异源毒株可以提供部分保护。对猪只感染异源毒株的保护体现在猪只临床症状的减轻（如发烧、肺损伤和增重降低），虽然不能阻止病毒血症的出现，但是可以显著降低病毒血症的持续时间和强度。目前我国市面流行的 PRRS 疫苗共有 10 种，2 种灭活疫苗（CH-1a 株、NVDC-JXA1 株），8 种活疫苗（CH-1R 株、R98 株、JXA1-R 株、MLV 株、HuN4-F112 株、GDr180 株、TJM-F92 株、

ATCCVR-2332 株）。随着减毒活疫苗的普遍使用，免疫频率高，PRRSV 自然重组的毒株越来越多，谱系 8 的 PRRSV 野毒之间或高致病性 PRRSV 减毒活疫苗毒株与野毒之间重组；NADC30-like 毒株与野毒或 HP-PRRSV 减毒活疫苗病毒或演化毒株之间重组，造成多毒株在猪群中循环和感染，给 PRRS 的防控带来巨大挑战。猪场在选择疫苗时，需要谨慎，综合考虑疫苗的稳定性、安全性和交叉保护性。

2）免疫程序及评价

后备公、母猪：于购进或选留第 2 周，依购进或选留批次整批普免 1 次，每头颈部肌肉注射 1 头份。

生产公猪：每年定期普免 2 次，每次免疫每头颈部肌肉注射 1 头份。普免时间最好避开气温较高、免疫注射对公猪精液质量影响较大的 5～9 月份。

生产母猪：每年定期普免 3 次（每 4 个月 1 次），每次免疫每头颈部肌肉注射 1 头份。

商品猪：按小猪生产批次，整批小猪 7 日龄初免 1 次，每头颈部肌肉注射 0.5 头份；21 日龄加强免疫 1 次，每头小猪颈部肌肉注射 1 头份。

常用的猪蓝耳病抗体 ELISA 检测方法，难以对疫苗的免疫保护效果做出准确评估，体液免疫中仅中和抗体能用于免疫保护效果评价，但是中和抗体的检测费时费力。因此，临床上并未将猪蓝耳病 ELISA 抗体检测作为是否提供有效保护的依据，而是通过 ELISA 抗体水平对猪群的感染状况进行评估，进行猪蓝耳病疫苗免疫前的评估。在免疫猪群中可以通过抗体水平的离散度，抗体值的高低等间接评价疫苗的免疫效果。

2. 净化消除

1）净化群（个）体评价

净化方案实施 1 年后，在育肥猪群中设立不免疫的育肥哨兵猪（要求猪蓝耳病抗体阴性）。育肥哨兵猪的数量为每条生产线 30 头猪，分散在不同的猪栏。1 个月之后进行猪蓝耳病抗体检测，抗体应为阴性。同时间设立非免疫母猪哨兵猪（要求猪蓝耳病抗体为阴性），哨兵猪占母猪数量的 2%～3%，非免疫哨兵母猪分别在猪群的配种前、怀孕后 40～50 天、80～90 天、产后 2 周采血检测猪蓝耳病抗体，其所产仔猪于 3～4 周龄检测猪蓝耳病抗体均应为阴性。净化实施完成连续 2 年后，生产成绩正常稳定的猪群。按 10% 进行种猪群扁桃体采样检测猪蓝耳病病原，每年检测一次，采集 10% 血清检测猪蓝耳病抗体，评价净化效果。

3）净化策略

筛选能够开展猪蓝耳病净化的猪场，依照"检测－筛选/分群－剔除－检测－筛选－净化"的程序，采取对野毒感染猪群进行扑杀或筛选，加强消毒和逐步提高养殖管理水平等办法开展高致病性猪蓝耳病净化作业。

3. 综合措施

1）生物安全

猪场的生物安全包括场外和场内的生物安全。切断传播途径，防止新毒株传入猪场。控制引种，防止 PRRSV 抗体阳性带毒和亚临床感染猪入群，确保精液不带毒。做好场内生物安全，清除场内 PRRSV 污染，阻断猪群 PRRSV 循环传播，灭蚊、蝇、鼠，及时淘汰发病猪与无害化处理等措施。

2）生产管理

PRRSV 综合防控中生产管理工作十分重要，可以考虑封群、清群与重新建群、空气过滤、分胎次饲养、多点式饲养、后备猪驯化、全进全出、改善通风和降低饲养密度、猪舍卫生、猪场环境、带猪消毒，杜绝饲养员串舍，净道与污道分开等方面制订生产管理方案。

第四节

口 蹄 疫

口蹄疫（foot and mouth disease，FMD）是由口蹄疫病毒（foot-and-mouth disease virus，FMDV）引起的偶蹄兽的一种急性、热性、高度接触性传染病。世界动物卫生组织（OIE）将其列为 A 类传染病之首，我国也将其列为第一类传染病之首。该病传播途径多、速度快，曾多次在世界范围内暴发流行，造成巨大政治、经济损失。该病的主要特征是口腔黏膜、舌面、鼻镜、乳头、蹄叉及附蹄周边皮肤形成或发生水疱，水疱易破溃，液体溢出形成烂斑。水疱和跛行是成年猪的主要症状，而因心肌炎、瘫痪而猝死是仔猪的主要表现。根据临床症状可做出初步诊断，但是猪水疱病、疱疹病在临床症状上与口蹄疫十分相近，不易区分，只能用实验室检验方法进行区分。

一、疫病概况

（一）流行病学

1. 流行病史

早在 17～19 世纪，德国、法国、瑞士、意大利、奥地利已有口蹄疫的流行记载。中国最早有口蹄疫的记载是 1893 年前后，在云南省西双版纳地区曾经流行过类似口蹄疫的疫病。目前，该病广泛分布于世界各地，几乎世界上所有的国家都曾经发生过口蹄疫。该病能在全球大规模流行，远距离快速传播，传播途径广，病原复杂多变，被国际兽医局列为 15 个 A 类动物疫病之首，并列入世界范围内重要传染病研究行列，我国也将其列为第一类传染病之首。

2. 易感动物

口蹄疫的易感动物种类繁多，各种家养和野生偶蹄动物都对口蹄疫病毒易感，包括哺乳类 20 个科近 70 种动物，马属动物不感染口蹄疫。根据动物感染病毒的过程和机体反应特性，分为自然易感动物和人工感染动物两种类型。其中易感家畜有黄牛、水牛、奶牛、牦牛、犏牛、山羊、绵羊、鹿、猪等偶蹄动物；人工感染的试验动物主要有家兔、豚鼠、仓鼠、小白鼠和鸡胚等。

3．传染源和传播媒介

发病动物是最危险的传染源。发病动物包括处于潜伏期和正处在发病期的动物，有研究表明，患有口蹄疫的猪呼出的气体中含有大量感染性很强的病毒。传播媒介包括无生命的媒介物和有生命的媒介物。无生命媒介物包括病毒污染的圈舍、场地、水源以及设备、器具、草料、粪便、垃圾、饲养员的衣物等，以及畜产品主要包括病畜的肉、骨、鲜乳及乳制品、脏器、血、皮、毛等。英国从 1939～1950 年计有 355 次原始暴发，其中 243 次（69%）传染源是冻肉中的病毒。1958～1962 年口蹄疫流行期，乌克兰的疫源约有 36% 的病例是由肉食品加工企业的产品引起的。有生命的媒介物包括人和非易感动物（如鼠、猫、狗、鸟类、蚯蚓等）。人是传播本病的媒介之一，据报道，口蹄疫病毒可在人的口腔和鼻黏膜存活 48h，并可以传播给其他易感动物，如 1952 年德国看护病畜的人去加拿大，结果将口蹄疫病毒带进该国。传播途径主要有三种：直接接触传播、间接传播和空气传播，其中空气传播是一条重要的传播途径，陆地传播距离高达 10km 以上，水面传播距离更是高达 250km 以上。

（二）毒株进化

1．血清型变化

口蹄疫病毒属于小核糖核酸病毒科口蹄疫病毒属，为 RNA 型病毒，病毒呈球形，无囊膜，口蹄疫病毒有多型性和易变性，病毒有 7 个血清型，65 个亚型，其 7 个血清型为 A、O、C，南非 1、2、3、Asia1 型。各主型之间无交叉免疫，亚型间交叉保护力差，持续感染无症状，但带毒严重。最早于 1920 年发现口蹄疫病毒有 O、A、C 三个血清型，1948 年，pirbright 实验室报告发现口蹄疫病毒的三个南非血清型，即 SAT1、SAT2、SATA3，1954 年又发现亚洲 1型。目前，主要流行有 3 个血清型，分别是 O 型、A 型和 Asia1 型。

2．毒力变化

我国主要流行毒株有 A 型 ASIA 拓扑型 Sea-97 毒株、O 型 SEA 拓扑型 Mya98 毒株和 O 型 ME-SA 拓扑型 PanAsia 毒株，O 型 Mya98 毒株和 PanAsia 毒株分别于 2010 和 2011 年由东南亚国家传入，A 型 Sea-97 毒株为 2013 年新传入毒株，Mya98、新毒株-2、PanAsia 是优势流行毒株，尤其是 Mya98，毒力最强、传播最快。A/Sea-97/G2 毒株对牛、猪都有致病性，并都有临床发病的报道，且猪有发病增多的趋势。

3. 分子遗传进化

采用系统发育树考察基因核苷酸突变、插入/缺失和遗传重组研究口蹄疫病毒的分子进化规律，确定病毒是趋同进化还是趋异进化，已经成为了口蹄疫病毒分子流行病学研究的重要内容之一。5'-非编码区（5'-UTR）在病毒复制中发挥十分重要的作用，其全长约为 1300nt，多序列比对结果显示，S 和 L 片段属于高变区，其核苷酸突变率分别为 12%和 33%。根据 S 片段基因序列，可以将口蹄疫病毒划分为 SATs 和欧亚型 2 个谱系，尽管谱系之间的同源性仅为 50%，但并不足以用作划分病毒血清型的依据。不同血清型的一些毒株之间 S 片段核苷酸具有很高的同源性，如 C/Waldma/149 和 A12/Valle/119 的同源性为 98%，这有可能是病毒进化过程中不同血清型毒株间发生了同源重组。还有研究发现，插入/缺失在口蹄疫病毒基因组中时常发生，这可能与病毒逃逸免疫压力，适应新环境和宿主有关。如 1999 年台湾地区流行的猪 O 型口蹄疫病毒的 3A 基因缺失了 10 个氨基酸，发现其对猪是强毒而对牛为弱毒。

（三）临床症状

猪口蹄疫的临床表现有：病猪口腔黏膜有糜烂，蹄冠、蹄叉和蹄踵等部位糜烂，结痂，有的局部化脓坏死，引起蹄壳脱落，患肢不能着地和卧地不起等。病猪鼻镜、齿龈、唇、舌、咽、腭等部也可能出现水疱，破溃后形成浅表性溃疡；哺乳母猪的乳房和乳头也可能出现水疱或烂斑。疫区发病率可高达 100%，母畜流产；仔猪感染后出现发热、呕吐、厌食等症状；正在哺乳期的仔猪死亡率极高，可达 80%～100%，但是很少引起成年动物死亡，可使成年动物发病后变得虚弱、生产力严重下降。

（四）病理损伤

生猪一旦感染上猪口蹄疫，除了在口蹄等部位出现水疱之外，有时还会在气管、咽喉、胃黏膜等部位也会出现圆形烂斑或者是溃疡性的出血性的炎症。最典型的是剖检口蹄疫病猪后会发现，其心包内较多透明或稍微浑浊的心包液，观其心脏，外形正常，但是触摸后发现较为柔软，比正常猪的心脏颜色要淡许多，心内以及外膜有出血点，心肌的切面会出现淡黄色或者是灰白色斑点、条纹，这是因为心肌纤维在病毒作用下，发生局灶性脂肪变性、蜡样坏死和间质的炎性反应，所以在心室中膈及心壁上才会散布灰白色或灰黄色或条纹病灶。

人们经常将其俗称为"虎斑心"。

（五）主要损失

口蹄疫是养猪业中常见的烈性传染病，在 2010 年猪口蹄疫疫情给很多养殖户造成重大损失，其特点是：传播快，发病率高。猪口蹄疫对断奶前后仔猪伤害最大，可引起仔猪大批死亡。但是很少引起成年动物死亡，可使成年动物发病后变得虚弱、生产力严重下降（平均丧失生产能力 30%）。该病会严重影响到畜牧业生产、肉食供应及国际贸易，可导致 1 个国家的畜产品进出口贸易停止，并造成巨大的经济损失和政治影响。历史上，1951～1952 年在英法暴发的口蹄疫，造成的损失竟高达 1.43 亿英镑；1967 年英国口蹄疫大暴发导致 40 万头牛被屠宰，损失 1.5 亿英镑。英、法国等国家暴发口蹄疫后，严重影响到了猪肉的售价。而大量宰杀牲畜后，需要饲养的牲畜已所剩无几，市场对动物饲料的需求大减，造成大豆等动物饲料的价格下跌。

二、实验室确诊技术

1. 免疫血清学

免疫血清学诊断技术主要包括病毒中和试验（VNT）、补体结合试验（CFT）、间接血凝试验（IHA）、琼脂免疫扩散试验（AGID）和酶联免疫吸附试验（ELISA）方法。其中 CFT 判定结果直观、可靠，但对各要素尤其是补体的用量要求准确，在快速检测中已经使用较少；VNT 必须使用活病毒，一般普通实验室不能实际操作，且不能区分被测抗体是源自免疫抗体还是感染抗体；IHA 结果判定直观，操作简单，经济实用，可进行定量和定性检测，但不能准确辨别自然感染与疫苗接种免疫；AGID 的优点是可以区分感染动物和免疫动物，缺点是 VIA 要有较高的效价，否则检出率较低；ELISA 是近几年应用最广泛的血清学检测技术，常用于检测猪疫免疫抗体水平及动物口蹄疫病毒感染情况。通过试验可以确定病原及病原所属的基因型和基因亚型，从而追踪疫源，实施防控。

2. 分子生物学

反转录—聚合酶链反应（RT-PCR）检测的是口蹄疫病毒的遗传物质核酸。此方法对病料要求不高，水疱液、水疱皮、血清等都可以作为检测材料，此检测方法灵敏度高、特异性强，还可以区分血清型以及测序后进一步进行分子流行病学研究。基因芯片技术（DNAchips），基因芯片法的优点是检测快速、准确，既能检测免疫动物的抗体水平，又能区分免疫动物和自然感染动物，还能确定病毒的血清型与基因型，缺点是样品制备成本很高，灵敏度较低，标记没有统一标准，要求实验员能够熟练地掌握设备的操作，所以该方法目前在基层普检中应用较少。

三、中兽医辨证施治

1. 辨证治则

畜禽病毒性疫病多见发热，按中兽医辨证分类，大致有热疫、湿疫、寒疫和毒疫几种，有单独为病者，亦有相互掺杂混合为病者，临床错综复杂，但发病机理大致相同，可参见第一节"非洲猪瘟"辨析一节，这里不作详述。

口蹄疫属于湿热热毒内中之湿热毒疫。应以清热解毒、利湿消肿、敛疮生肌为防控原则。

2. 防控措施

1）中兽药防控

使用中兽药成品黄连解毒散、茵陈蒿散联合用药。

①预防用药：在免疫失败，检测抗体低下，或受周边疫情威胁时，可使用预防方案提升猪群保护水平。

用药方案：黄连解毒散 3kg 茵陈蒿散 2kg，拌料 1000kg，连续使用 10 天。

②紧急控制：当猪场检测出阳性，或出现临床症状时，应紧急使用该控制方案。

用药方案：黄连解毒散 6kg 茵陈蒿散 4kg，拌料 1000kg，连续使用 10 天。

③外用涂擦：对于口鼻和蹄部水泡破溃者，可用开水冲泡黄连解毒散 20 分钟，等药液温度适宜后取药液涂抹患处，每日 2 次，连用 4～5 天，可促进患处愈合，防止蹄甲脱落。

2）处方药防控

黄连解毒汤：出自《外台秘要》。

①药物剂量：黄连 45g，黄芩 30g，黄柏 30g，栀子 45g 组成，煎水或研末，开水冲调，拌料喂服或灌服。两日 1 剂，连服 3～5 剂。此剂量为 1 头大猪用量。

②功效主治：黄连解毒汤具有泻火解毒的功效，用于三焦热盛，大热发斑，阳黄疔毒，口舌生疮诸症。方中黄连泻心火，兼泻中焦火为主药；黄芩泻上焦火，黄柏泻下焦火，栀子通泻三焦之火，并导热下行，共为辅佐药。四药合用，苦寒直折，使火邪去而热毒解，诸症得除。

③临证加减：初期，可用黄连解毒散加金银花、连翘、生石膏、淡豆豉、

野菊花等表里双解，主治表证未解，里热已炽。中后期，可用黄连解毒散加大黄、忍冬藤、白芍、茵陈、滑石、木通、桑枝等清热利湿，通经散结。

3）民间验方

仔猪初期用 2mL/kg 的高免血清，食醋来清洗冲洗口腔，蹄部涂龙胆紫纱布包扎。

四、综合防控

1．免疫预防

1）疫苗

近年来，除了口蹄疫灭活疫苗、合成肽疫苗以外，口蹄疫表位疫苗、基因缺失疫苗的研发也都取得了长足进展。我国口蹄疫灭活疫苗的研发通过反向遗传学进行改造，使得疫苗毒株的抗原广谱性以及生产性能都得到显著提高。合成肽疫苗相比灭活疫苗具有高效、安全、稳定以及带有免疫标记等显著优势，尤其是合成肽疫苗免疫后可以与野毒感染进行区分，对于我国建立免疫无疫区至关重要。口蹄疫基因工程疫苗是指利用基因工程技术合成生产的疫苗，包括表位疫苗、基因缺失疫苗、可饲疫苗、核酸疫苗等。

2）免疫程序及评价

免疫程序主要与免疫次数、免疫剂量以及首免日龄有关；对于猪口蹄疫疫苗来讲一般公猪、母猪一年免疫 3～4 次；仔猪—保育—育肥阶段至少保证 2 次免疫，60～70 日龄首免，90～100 日龄二免，每次免疫 1 头份（2 mL）；具体根据猪场实际情况进行分析确定。对疫苗使用后的评价主要是，免疫后 3 天内免疫群体的临床不良反应，包括免疫应激、免疫发病、免疫死亡、免疫流产等情况，此外还应在免疫后的适当时间，如疫苗所注明的最长保护期进行采样，一是血清样品，主要用于免疫抗体水平检测；二是组织样品，主要用于疫苗保护期内牲畜的带毒发病情况。

2．净化消除

1）净化群（个）体评价

①净化群内种猪场及其他生猪养殖场生产母猪和后备种猪抽检，口蹄疫病毒免疫抗体合格率分别在 90% 和 70% 以上；

②净化群内种猪场种公猪、生产母猪、后备种猪抽检，口蹄疫病原学检测阴性，净化群内其他生猪养殖场口蹄疫病毒非结构蛋白抗体阳性率小于 10%。

③净化群连续两年以上无疫情。

④现场综合审查通过。

2）净化策略

一旦发现有疑似或者确诊的口蹄疫病情发生，必须立马按照国家相关法律法规进行处理，迅速对疫区和疫区周围进行隔离封锁处理，对于患病猪和疑似病猪及时扑杀，焚烧或者深埋。对其他病猪产品、病猪排泄物、病猪尚未食完的饲料及其他所有与病猪有接触的物品进行无害化处理。一般猪场选用疫区除对场地严格消毒外，还要关闭与动物及产品相关的交易市场。

3．综合措施

1）生物安全

从动物生产到市场环节的全过程，特别是在动物移动与交易地实行良好的生物安全行为，形成常规的卫生、清洁与消毒制度。鼓励标准化和规范化养殖，完善动物及动物产品可追溯体系。严格养殖场、屠宰场、活畜市场和兽用生物制品企业等场所的病死动物和废弃物无害化处理，严禁病死动物及其制品废弃物进入流通环节。建立病死动物无害化处理价格补偿机制，给予养殖者一定的经济补偿，由动物卫生监督机构监督其进行无害化处理。

2）生产管理

猪场对于口蹄疫的预防就必须要加强对猪场的管理工作，对猪场实行封闭式的管理，保证猪场内猪群进出的安全检疫工作。同时将猪舍进行分区，避免饲养人员在不同猪舍的流动造成猪群染病或是交叉感染。对于猪舍也要做到及时的通风，保证猪舍的干燥与温度的适宜，避免猪群出现应激反应。对于猪群也要做好定期的运动以及光照，保证猪群免疫力的提高。

第五节

猪圆环病毒病

　　猪圆环病毒病（porcine circovirus diesease，PCVDs）是由猪圆环病毒Ⅱ型感染、并继发或者/和并发其他病毒和细菌等多种病原引起的一系列疾病的总称，包括PCV2全身系统性疾病（PCV2 systemic disease，PCV2-SD，以前称为仔猪断奶后多系统综合征 post weaning multisystemic wasting syndrome，即PMWS）、猪皮炎肾病综合征（porcine dermatitis and nephropathy syndrome，PDNS）、PCV2繁殖障碍疾病（PCV2-RD）和亚临床感染，PCV2也可引起猪呼吸系统综合征（PRDC）、肠炎、先天性震颤等临床表现。在猪圆环病毒感染引起的疾病中，全身系统性疾病（PMWS）和亚临床感染对全世界及我国养猪业的影响最为严重，主要表现为渐进性消瘦、苍白、皮毛松乱、淋巴结肿大、继发细菌感染。最近也有大量的文献报道了 PCV3，但其致病性仍不确定，有待进一步研究。通常在猪体内非常容易检测到 PCV2 病原，但不能作为诊断PCV2 感染致病的判断标准，国际上诊断该病的通用标准是根据临床症状、病理解剖、免疫组化进行综合判断。自 2006 年，国内、外开始注册上市 PCV2商业化疫苗应用以来，猪圆环病毒感染引起的疾病逐渐得到了有效的控制。

一、疫病概况

（一）流行病学

1. 流行病史

　　1974 年，在 PK-15 细胞中发现 PCV1，同时也能在猪体内发现该病毒，但PCV1 后来被证实并不致病。1995 年，在加拿大猪群中暴发了以断奶仔猪呼吸困难、腹泻、贫血、淋巴结肿大、进行性消瘦为特征，并严重影响仔猪生长发育的严重疾病，随后确诊为仔猪断奶后多系统衰竭综合征（PMWS）。1997～1998 年多家实验室从该发病猪中分离到了猪圆环病毒 2 型（PCV2），并成功复制了相同的病例，确认 PCV2 为该病的致病病原。随后，在美国、德国、英国、法国等均报道了该病的流行。在我国，2000 年检测大部分地区猪群发现已经存在 PCV2 抗体。2002 年，全国猪场均开始暴发 PMWS，给猪场造成了巨大的经济损失。

2. 易感动物

家猪是 PCV2 的易感动物，不分年龄、性别均可感染。野猪也可感染 PCV2。PCV2 可以在小鼠体内复制，并在小鼠间有限传播，在猪场的小鼠和大鼠体内均可发现 PCV2，但在猪场外的老鼠体内未能发现 PCV2 的存在。除此之外，其他动物对圆环病毒并不易感，人类对 PCV2 也不易感。

3. 传播媒介

口鼻接触是 PCV2 传播的主要途径，但可在猪鼻、扁桃体、支气管及眼分泌物、粪便、唾液、尿液、初乳以及精液中发现 PCV2。发病猪是主要的病原携带者和传播者，引入发病猪、带毒猪或者引入精液是该病长距离传播的重要途径。带毒组织（如未完全灭活的喷雾干燥猪血浆蛋白、下脚料）做成的饲料也可能导致该病的传播。在猪场内，病猪的唾液、粪便、血液、尿液等排泄物中含量大量病毒，可污染栏舍地面、墙面、饲料、饮水、工具等，再通过猪场内的饲养员衣服、鞋子、工具等传播到邻居猪舍和其他栋舍。公猪感染后精液也会带毒，人工授精操作也会造成疾病的传播。发病猪的混群、转栏等也会造成该病的传播。该病毒感染后可在母猪妊娠的各个阶段穿过胎盘感染胎儿，母猪产后也可通过呼吸道分泌物、初乳、乳汁传播给仔猪，造成垂直传播。在 PMWS 感染的猪场，可在猪舍地面、墙面、门把手、淋浴间、办公室等地方检测到大量的病毒，这些都可能成为 PCV2 传播的媒介。

（二）毒株进化

1. 血清型变化

目前发现的猪圆环病毒血清型包括 PCV1、PCV2、PCV3，3 型之间不具有血清交叉免疫性。PCV1 是最早发现的猪圆环病毒，但对猪不具有致病性。PCV2 是对猪致病的最主要病原，可造成 PMWS、PDNS、PRDC、繁殖障碍、肠炎、先天性震颤等。目前发现 PCV2 存在 5 种不同的基因亚型，包括 PCV2a、PCV2b、PCV2c、PCV2d、PCV2e 等，各型间核酸相似性＞93%，5 种亚型临床症状无显著区别，也具有血清学交叉保护作用。PCV3 是最近几年发现的猪圆环病毒，在欧美猪场及我国的猪群中可以检测到病原和抗体，但目前其致病性仍不清楚。

2．毒力变化

PCV1 不具有致病性，PCV3 致病性不清楚，PCV2 五种亚型间的病毒毒力目前并没有发生明显的变化，仍属于同一血清型。当前基于 PCV2a/PCV2b 的疫苗对于 5 种亚型的感染仍然具有交叉保护，但对于不同的血清型 PCV1 和 PCV3 不具有交叉保护。

3．分子遗传进化

根据最新的研究报告，PCV2 可能起源于家禽 CV 病毒，首先感染野猪，然后传播到了家猪。PCV2 每年以 1.2×10^{-3} 碱基替代/位点/年进化，比 PCV1（1.15×10^{-5} 碱基替代/位点/年）和 PCV3（2.35×10^{-5} 碱基替代/位点/年）进化均快。1996～2000 年年初，PCV2a 在临床感染的猪群中是最为流行的基因型，2003～2006 年，则由 PCV2a 转换为 PCV2b，2010～2015 年间则逐渐流行 PCV2d。在部分我国猪场和欧美猪场，近年来逐渐发现了 PCV3 的存在。

（三）临床症状

PCV2 感染引起的临床症状包括全身系统性疾病（PCV2-SD，也即 PMWS）、猪皮炎肾病综合征（PDNS）、PCV2 繁殖障碍疾病（PCV2-RD）和亚临床感染，猪呼吸系统综合征（PRDC）、肠炎、先天性震颤（Congenital Tremors，CT）等。最近，也有学者研究认为猪耳坏死综合征（Porcine Ear Necrosis Syndrome，PENS）也与 PCV2 的感染有关。PCV2-SD（即 PMWS）主要引起各组织器官严重的免疫抑制，并继发严重的细菌感染，PCV2a、PCV2b、PCV2d 均可导致 PMWS，主要临床症状包括：常见于 2～4 月龄猪保育仔猪，发病率 4%～30%（偶尔 50%～60%），死亡率 4%～20%，特征性临床表现为消瘦、皮肤苍白、呼吸困难、腹泻、黄疸，疾病早期腹股沟淋巴结肿大。PCV2-RD 的临床症状主要与晚期流产和死胎有关，也可引起木乃伊胎，妊娠早期感染，也可引起母猪的返情，发病率较低。对 PCV2 引起的母猪繁殖障碍的研究仍不十分清晰，主要是其他繁殖障碍型疾病更加普遍，从而掩盖了该病的表现。PNDS 的临床症状主要为：保育、生长、育肥猪均可发病，生长育肥猪更易发病，发病率较低，<1%，较大的猪（>3 月龄）死亡率可达 100%，严重病猪出现临床症状几天后死亡，病猪厌食、精神沉郁、少动、很少发热，皮肤出现不规则的红紫斑及丘疹，主要集中在后肢及会阴区域，随着病程延长，破溃区域被黑色结痂覆盖。

（四）病理变化

猪圆环病毒感染引起的 PCV2-SD（即 PMWS）的主要病理特征是早期可见

淋巴组织显著肿大，晚期则出现淋巴结的萎缩或者恢复正常大小；也常见胸腺的萎缩；肺脏肿胀、不塌陷、间质增宽、质地坚硬似橡皮，俗称"橡皮肺"；全身淋巴结，特别是腹股沟、纵隔、肺门和肠系膜淋巴结显著肿大，切面为灰黄色，或有出血。肾脏灰白，表面散在或者弥漫性分布白色坏死灶。脾脏肿胀，后期出现显著肿大，形态异常，表面突起。肝脏黄疸或者呈灰黄色。胃贲门部常出现溃疡，严重者出现穿孔。继发细菌感染的病例常可见心包炎、胸膜炎、腹膜炎、关节炎等症状。PCV2 感染引起繁殖障碍疾病中，死胎或中途死亡的新生仔猪一般呈现慢性、被动性肝充血及心脏肥大，多个区域呈现心肌变色等病变。猪圆环病毒感染引起的 PDNS 的病变主要在后肢和会阴部，也会出现全身坏死性皮炎，双侧肾肿大，皮质表面呈颗粒状，及红色点状坏死，肾盂水肿。

二、实验室确诊技术

1. PMWS 诊断

目前国际上诊断 PMWS 必须满足以下条件：

（1）存在猪圆环病毒感染的典型临床症状：生长迟缓、消瘦、呼吸困难、腹股沟淋巴结肿大、偶尔可见黄疸；

（2）病猪可见淋巴结中度至重度特征性组织病理病变；

（3）病猪淋巴及其他组织病灶中通过免疫组化可以检测到大量 PCV2 病毒的存在。ELISA 抗体检测常是我国猪场常用检测手段，但是该方法不能鉴别区分疫苗抗体和野毒抗体，免疫猪群和未免疫猪群 ELISA 抗体也没有显著的差异，因此 ELISA 抗体不能用于免疫了疫苗的猪场 PMWS 的诊断，对于未免疫的猪场，检测到抗体阳性只能说明曾经感染过 PCV2，但不能据此诊断猪群出现了 PMWS 临床症状。

2. PCV2-RD 诊断

确诊该病应满足以下条件：

（1）临床症状：晚期流产和死产，伴有明显的胎心肥大；

（2）病理组织特征：有广泛的纤维素性心肌炎或者坏死性心肌炎；

（3）胎儿心肌组织及其他组织可检测到大量 PCV2 病毒。

3. PDNS 的诊断

由于 PDNS 的致病病原并未完全确定，因此检测 PCV2 病毒进行确诊并不准确，需要满足以下条件才能确诊：

（1）临床及解剖症状：后腿及会阴部有出血性、坏死性皮炎，肾脏苍白、肿胀，并伴有全身性皮质瘀点；

（2）病理组织病变：全身坏死性血管炎、坏死性纤维蛋白性肾小球肾炎。

三、中兽医辨证施治

1．辨证治则

参见本章第一节非洲猪瘟。

2．预防措施

1）预防：用中兽药"内毒净"（加味黄连解毒散）3kg＋加味清瘟败毒散 3kg，拌料 1000kg，连续使用 10 天。

2）治疗：用中兽药"内毒净"（加味黄连解毒散）5kg＋加味清瘟败毒散 5kg，拌料 1000kg，连续使用 10 天。

3）民间验方：

验方 1：对发病的猪只施行干扰素诱导技术，每千克体重注射猪瘟灭活细胞苗 1 头份。处置的方法是将猪瘟细胞苗放入沸水中煮 10 分钟，稍后凉至常温，用黄芪多糖稀释后给猪注射，72h 再重复注射 1 次，对治疗仔猪圆环病毒病效果最佳，在注射第 1 次猪瘟疫苗后 2～3h，可对猪只注射"贝尼尔"（三氮脒）和多西环素，按说明使用。患猪的病情在第 4 天基本得到控制。饮水中加入电解多维、黄芪多糖和葡萄糖，连用 7～10 天，有利于猪只病情的控制。

验方 2：黄芪 150g，黄芩 100g，板蓝根 20g，党参 50g，茵陈 20g，金银花 50g，连翘 50g，甘草 25g，每次煎水 1000mL，煎三次，每千克体重口服 1mL，每天 1 次连用 7 天。

四、综合防控

1．免疫预防

PMWS、PDNS 等圆环引起的疾病往往是 PCV2 联合多种病因共同作用的结果，使用 PCV2 疫苗可以有效控制。因此预防和控制该病主要是减少环境病毒载量、消灭其感染因子。

1）疫苗：当前大多数疫苗是基于 PCV2a 毒株，我国上市的主要疫苗包括，真核杆状病毒表达的 ORF2 基因工程疫苗、原核大肠杆菌表达的 ORF2 基因工程疫苗、全病毒灭活疫苗以及 PCV1/2 嵌合载体疫苗，市面上还没有减毒活疫苗。目前我国上市的商业化疫苗既有进口的疫苗，也有国产的疫苗，既有单针型疫苗，也有两针型疫苗，其保护效果和免疫程序仍然存在一定的差异，设计免疫程序时应当根据猪场的感染情况和疫苗的保护效力进行调整。

2）免疫程序及评价：疫苗的免疫有 2 个目的：一是避免仔猪出现 PCVD 临床症状，包括 PMWS、PDNS、腹泻等，应当在断奶前、母源抗体失去保护前免疫，快速产生保护力，避免仔猪在保育阶段感染发病；二是预防母猪出现繁殖障碍（PCV-RD），一般应在后备母猪阶段、配种前及妊娠后期进行免疫，保护母猪，避免胎儿被感染。经产母猪及公猪的免疫根据产品质量的差异，一般全群免疫 2～4 次/年，可以跟胎免疫，也可普免，保护效力一般的疫苗跟胎免疫一般在妊娠中期（妊娠 60 天左右）和产后 6 天左右各免疫一次，普免则 4 次/年；保护效力较长的妊娠中期（妊娠 60 天）免疫 1 次即可，普免则 2 次/年。仔猪根据产品质量效果，出栏前免疫 1～2 次，一般 2～3 周免疫第 1 次，免疫保护力较强的一针型疫苗可保护至出栏，免疫效果稍差的疫苗 5～6 周需再加强免疫一次，出栏时间较晚的猪，可在 13～16 周可再加强免疫 1 次。由于圆环病毒感染的普免性，猪圆环疫苗效果的评估一般不宜以抗体和病毒血症来评判，可以根据临床症状和生产数据如料肉比、日增重、死亡率等来综合评价。

2．净化消除

由于圆环病毒的广泛性和圆环疫苗效果较佳，目前国内外对于圆环病毒的净化清除还没有开展，还不具备开展圆环净化的条件。

3．综合措施

1）生物安全

PMWS 的猪场可在保育舍和育肥舍的地面、墙面、料槽、走廊、门把手、工具，母猪舍的料槽、走廊、地面、工具等检测到大量的病毒，也能从办公室、淋浴间等场所检测到大量的病毒。在生物安全措施上，猪场应当加强对员工进出猪场、猪舍、栏舍的生物安全工作，包括进、出场淋浴更衣，进出猪舍更衣、消毒等，工具应当单独使用，不宜混用，物质、饲料、工具等进出猪场应当严格消毒后进出猪场和猪舍，有条件的猪场可以加强环境病毒的检测。

2）生产管理

加强全进全出、清洗消毒，并严格执行空栏 7 天，或者高温消毒的措施。病弱仔猪及时淘汰。母猪做到一头一针头，仔猪做到一栏一针头。加强对母猪和仔猪的疫苗免疫，做好疫苗免疫效果的评估。

第六节

猪伪狂犬病

猪伪狂犬病是一种由伪狂犬病病毒（Pseudorabies virus，PRV），又称猪疱疹病毒（Suid herpesvirus-1，SuHV-1）感染后引起的以发热、脑脊髓炎为特征的高度接触性、急性传染病。猪作为伪狂犬病毒的唯一自然宿主，由于传播途径的多样性、传染率高、危害性大，给猪业养殖造成了巨大的经济损失。

一、疫病概况

（一）流行病学

1. 流行病史

猪伪狂犬病毒 1813 年最先报道于美国，该病在当时主要感染牛，引起牛的剧烈瘙痒症状，因此被命名为"疯痒病"，1902 年，匈牙利兽医奥耶斯基（Aujeszky）从牛和犬身上分离得到伪狂犬病毒。迄今为止，伪狂犬病毒至少在 44 个国家或地区报道 PRV 阳性。1948 年，我国首次检测出伪狂犬病毒，20 世纪 60 年代，伪狂犬病在地方开始流行，但是并未对养殖业造成严重的影响，随后疫情开始蔓延，2005 年再次出现较为严重的疫情，2011 年由于出现了新的强毒变异株，即使免疫过 Barth-K61 的猪群仍然发病，猪伪狂犬病再次暴发。迄今为止，我国所有省份均有该病的报道，造成了巨大的经济损失。

2. 易感动物

自然条件下，PRV 能感染多种动物，可以使羊、猫、兔、鼠、犬、水貂、狐等动物感染发病。实验动物中家兔、豚鼠、小鼠都易感，其中以家兔最敏感。猪是 PRV 的自然宿主和自然传播者。关于 PRV 是否可以感染人类一直存在争议，一般认为人对该病毒具有天然抵抗力。早在 1914 年，冯·拉茨（Von Ratz）等就有疑似人感染猪伪狂犬病的病例报道，但都缺乏确诊依据。2018 年，艾静文（Ai）等首次在基因水平上确诊人感染 PRV 病例，并且感染毒株与我国近年来流行的高毒力变异株具有高度同源性。由此可以确定，PRV 变异株可以跨越物种界限感染人类，必须加强对 PRV 的综合防控。

3. 传播媒介

猪伪狂犬病的传染源主要为病猪、带毒猪以及带毒鼠类。猪是 PRV 的主要贮存宿主和传播宿主，病毒主要通过感染猪的鼻分泌物、唾液、乳汁和尿液向外排出，成为新的传染源。此外，空气、被污染的饲料、水、唾液、乳汁、阴道分泌物、尿液、老鼠，均可传播伪狂犬病毒。健康猪通过接触病猪、污染的饲料、水、粪便以及环境中的各种器具感染。

（二）毒株进化

1. 毒力变化

猪伪狂犬病毒仅有一个血清型。PRV 在 2005 年前对猪的致病性不强，2005年后，PRV 毒力增强，虽然造成了严重的疫情，但是经典的 Bartha-K61 株能够有效地保护猪群。2011 年后，新的变异毒株开始流行，与经典的伪狂犬病毒强毒株相比，伪狂犬病毒变异毒株对小鼠和猪的致病力明显增强。感染猪发病更快，临床症状和病理变化更严重，死亡率也更高。

2. 分子遗传进化

近年来，通过对 PRV 的早期毒株、当前流行毒株进行全基因组测序，经系统遗传进化分析与比较基因组研究，首次提出了 PRV 存在两个主要基因型并且具有一定的地域性。欧美国家毒株主要为基因Ⅰ型，亚洲国家毒株主要为基因Ⅱ型。我国 PRV 毒株以基因Ⅱ型为主，而 Bartha 疫苗为基因Ⅰ型。

（三）临床症状

感染母猪表现为屡配不孕、不育及发情期长等，妊娠母猪中后期出现流产、死胎、木乃伊胎和产弱仔。仔猪出现高热、拉稀、呕吐以及口吐白沫、四肢做划水状、角弓反张等神经症状，呼吸困难，24～36 h 左右即衰竭而亡，发病率和死亡率高，耐过仔猪发育受阻、生长缓慢。育肥猪表现为精神沉郁、食欲不振、体温升高及呼吸道症状，死亡率低。公猪的睾丸和附睾发生萎缩，死亡率低。

（四）病理变化

剖检发病育肥猪可见中枢神经系统呈非化脓性脑脊髓炎，神经元大量坏死，出现噬神经现象，神经细胞核内包涵体，同时伴有血管套及胶质细胞弥散性坏死。仔猪病理变化主要表现为脑膜、眼睑、鼻黏膜、扁桃体、肺脏及肾脏出现不同规模的出血肿胀，脾脏及肝脏有边缘坏死及白色坏死点；流产妊娠母猪常见子宫内膜炎、胎盘炎等，有时会出现胎盘钙化，胎儿皮下充血或水肿、黑胎、木乃伊胎等；公猪常见有阴囊炎，成年猪常出现坏死性肠炎。

（五）主要损失

猪伪狂犬病造成的主要损失包括：母猪流产、产死胎和木乃伊胎；仔猪的高死亡率；育肥猪生长缓慢；公猪精子活力下降、质量差。

二、实验室确诊技术

1．免疫血清学

血清学是目前检测 PRV 较常用的方法，主要包括微量血清中和试验（MSN）、酶联免疫吸附试验（ELISA）、乳胶凝集试验（LAT）、间接免疫荧光技术（IFA）等。其中 MSN 的优点是结果判断简单、能够进行大量的样品检测、检测结果特异性强，缺点是检测的敏感性较低、检测所消耗的时间较长、推广较困难；ELISA 在目前已经取代了 MSN，ELISA 是当前应用最广泛的技术，该技术的优点主要为操作比较简单、敏感性较强、特异性较强。此外，针对 gE 基因缺失疫苗而建立的 gE 鉴别 ELISA 在猪伪狂犬病诊断及流行病学调查领域起到了相当大的作用，该方法可以将 PRV 野毒感染抗体和免疫 gE 基因缺失疫苗而产生的抗体进行区别，对野毒株的发现具有重要的意义；LAT 方法优点是操作简单，不需要特殊的设备，在养殖场及基层兽医防疫中较为常用；IFA 技术具有抗原－抗体反应的特异性和染色技术的快速性，并可在细胞水平上进行抗原定位，在病毒病诊断中也是一种应用很广的方法。

2．分子生物学

猪伪狂犬病的分子生物学检测方法主要包括普通 PCR、实时荧光定量 PCR 检测及核酸杂交等。其中普通 PCR 优点是检测速度快、操作简单、取样少、特异性强等；实时荧光定量 PCR 检测技术的优点是具有快速、特异、敏感、可定量等优点；核酸杂交技术的优点是不需做病毒培养，不需组织病料，活体可以直接检测，快捷简便。该方法缺点是技术要求高，成本亦较高，无法进行大规模的推广应用。此外，还有套式 PCR 方法、多重 PCR 方法、荧光定量 PCR 方法、环介导等温扩增等多种 PCR 方法。

三、中兽医辨证施治

1. 辨证治则

参见本章第五节猪圆环病毒病。

2. 预防措施

中兽药防控方案同猪圆环病毒。

民间验方：菊花 30g，蝉蜕 30g，苍耳子 50g，糖炙入香没药各 20g，用这5味中药水煎服，一头 50mL 一次，一天两次，三天治愈。

四、综合防控

1. 免疫预防

1）疫苗

目前市面上的猪伪狂犬疫苗类型繁多，主要有基因缺失活疫苗、常规弱毒疫苗以及灭活疫苗等，特别是基因缺失疫苗已经在猪伪狂犬病的防治中发挥了重要的作用。市面常见有 Bartha-K61 株活疫苗，SA215 株活疫苗以及 HB2000 株活疫苗，但是在 2011 年，流行的变异毒株感染猪后，Bartha-K61 株活疫苗不能提供有效的保护。

2）免疫程序及评价

一般猪伪狂犬病阴性猪场，禁用疫苗。阳性猪场正常情况下，仔猪于 0～3 日龄滴鼻首次免疫，早期滴鼻免疫是重要的，这是因为新生仔猪若感染 PRV 后，死亡率极高。35～40 日龄再次免疫，这是因为仔猪断奶后，母源抗体衰减，黏膜免疫保护力也在下降，此时仔猪会出现免疫空白期，易受野毒侵袭。在 70 日龄再次免疫，这是因为根据近年来伪狂犬病的流行情况，中大猪的野毒感染压力增大，多数表现出呼吸道症状，此时免疫有利于控制中大猪的呼吸道症状。种猪每年进行 3 次伪狂犬疫苗普遍免疫，母猪产前 20～40 天用灭活疫苗进行免疫，后备母猪配种前 1～2 个月，用猪伪狂犬疫苗免疫 2 次。通过 Elisa 抗体试剂盒对免疫后 gE、gB 抗体进行检测，评价免疫效果。

2. 净化消除

1）净化群（个）体评价

同时满足下列要求，视为达到净化标准：生猪养殖场抽检，猪伪狂犬病病毒抗体检测均为阴性；生猪养殖场内停止免疫两年以上，无疫情。

2）净化策略

免疫净化分为抽样监测、强化免疫控制、检测淘汰、全群清群与引种、监测认证与净化维持等六个阶段。检测淘汰 gE 野毒抗体阳性个体，但是 gE 抗体阳性率高时，不能一次清除带毒猪，需进行疫苗免疫。免疫后 3～4 周，抽样检测 gB-ELISA 抗体阳性率 85% 以上为群体免疫合格。检测抗体阳性率在 10% 以下时，对种猪群实行逐头采样检测，一次性淘汰阳性的带毒淘汰。完成"检测淘汰"阶段 1 年后，在生产母猪群设立 2%～3%（最低 10 头）哨兵母猪（gE 抗体阴性、gB 抗体阴性），分散在不同栏舍，观察其是否感染和发病，并做好检测。在维持阶段采用以下措施：第一，改用灭活疫苗，并减少免疫次数，实行阶段免疫或部分猪群免疫，直至完全停止免疫；第二，定期检测，每隔 1 年，按种公猪普检、生产母猪抽检 10% 的比例进行检测；加强后备种猪选留和引种的监测；第三，做好生物安全防控。

3. 综合措施

1）生物安全

猪场生物安全措施主要包括两方面。一方面是强化猪场外部生物安全以防止引入新毒株；另一方面是做好猪场内部生物安全以降低或阻断病原在猪场的循环与传播，养猪场应坚持自繁自养，全进全出；严把引种关，引种和外购精液时须做检测，确定阴性时方可引入，并隔离饲养 4 周，检测确认阴性方可混群。及时淘汰 PRV-gE 抗体阳性种猪；及早断奶，分点饲养；不接触带毒动物及产品。加强兽医卫生管理，平时做好对栏舍、场地、道路以及工作服、鞋、帽等的消毒。粪便要进行无害化处理、严禁犬、猫、鸟类等动物进入猪场，猪场不允许与牛、羊、兔、水貂、狐狸混养。严格限制外来人员和车辆进入场内，禁止场内人员串舍，防止人为扩散病原。对病死动物尸体、死胎、流产物和其他污染物、排泄物销毁做无害化处理或深埋。

2）生产管理

坚持自繁自养原则与全进全出的饲养制，采用全进全出，不轻易从外面引种，引种猪要进行隔离饲养，经抗体检测合格方能混饲。猪舍定期消毒，粪便及时清理，饲养密度不应过大，定期通风换气。严格限制人员进出，采用严格进出消毒制度，杜绝外来人员参观。严控犬、猫和鸟类等动物进入，定期开展灭鼠、灭蚊蝇等有害生物，防止啮齿动物传播疾病。定期开展消毒，减少猪场内病原微生物。切实做好病死猪的无害化处理。

第七节

猪流行性腹泻

猪流行性腹泻（Porcine epidemic diarrhea，PED）是猪的一种高度接触性肠道传染病，致病原为α冠状病毒属的猪流行性腹泻病毒（Porcine epidemic diarrhea virus，PEDV）。该病多见于冬末春初，也在季节更替或温度骤降时发生。主要以引起猪只的发热厌食、剧烈呕吐、水样腹泻和高度脱水等临床症状为特征，继而诱发消化道黏膜糜烂。该病对各年龄猪均易感，尤其是对哺乳仔猪的感染发病率和致死率均可达80%以上，还可导致架子猪和育肥猪生长迟滞，影响料肉比。

一、疫病概况

（一）流行病学

1. 流行病史

猪流行性腹泻病自1971年在英国被首次报道之后，就相继流行于美国、德国、西班牙、意大利和保加利亚等欧美国家。20世纪90年代后，PED在亚洲也日渐成为制约养猪业发展的一种重要的肠道疾病。据OIE调查报告，自2011年后PEDV在世界各国流行趋势加剧，多个OIE成员国均有该病发生，尤其是近年来在老疫区易反复，造成较大经济损失。目前PED已被列为国际陆生动物卫生法典目录需要报告的疾病之一。另外，由于PED与传染性胃肠炎、猪轮状病毒腹泻和德尔塔冠状病毒的病原特性和临床症状相似度，高难以诊断，相互混合感染加大发病情况的复杂程度，给疾病防控工作和实验室研究带来较大困难。

2. 易感动物

猪流行性腹泻病毒可在猪群中持续存在，各种年龄的猪都具有易感性。哺乳仔猪、架子猪和育肥猪的发病率可达100%，尤其以哺乳仔猪感染后的症状最为严重，致死率最高。母猪发病率在 15%～90%。

3．传播媒介

病猪和带毒猪是主要传染源，病毒多经发病猪的粪便排出，运输车辆、饲养员的鞋或其他带毒的动物，都可以作为传播媒介。

（二）毒株进化

PEDV 病毒核酸为线性单股正链 RNA，具有侵染性。基因组全长度约为 28kb～33kb。基因组 3'端约三分之一的序列负责编码毒株的纤突（S）蛋白、包膜（E）蛋白、膜（M）蛋白和核衣壳（N）蛋白等主要结构蛋白。其中，S 蛋白在病毒受体结合，介导宿主细胞的融合以及诱导机体产生中和抗体过程中发挥重要作用，是重要的毒力蛋白，具有较高的遗传变异性。因此，编码 S 蛋白的基因是 PEDV 毒株毒力的指征性基因，其变异或重组可能造成 PEDV 毒力的改变。目前全球范围内的 PEDV 毒株主要分为两个群：经典 PEDV 毒株和新型 PEDV 毒株。经典毒株与新型毒株之间的核苷酸序列的同源性在 96%～98 之间。新型 PEDV 毒株又被分为新型亚洲进化支和新型北美进化支。基于 S 基因的遗传演化分析，将 PEDV 毒株分为 S-INDEL 型毒株和 non S-INDEL 型毒株。研究表明，non S-INDEL 型毒株可能是中国新型毒株重组来的。从毒力上看，S-INDEL 为温和型 PEDV，毒力和传染性均较低；non S-INDEL 为 PEDV 强毒变异株，其毒力和致死率均较高。另外，也有研究根据 PEDV 基因组遗传进化特征，将 PEDV 分为 G1 和 G2 群，在此基础上又进一步分为 G1a、G1b、G2a 和 G2b 亚群；PEDV G1 型包含了 CV777、DR13、SD-M 株等早期经典毒株；G2 型包括 G2a 和 G2b 两个亚型，近年来我国流行的 PEDV 以 G2b 亚型为主。PEDV S 基因的遗传变异主要发生于在 S1 区 5'序列和核心抗原基因区域（COE），常常出现不同程度的氨基酸的插入、替换或缺失，这些变化往往又位于其抗原表位上，可能导致其抗原性发生变化，影响传统减毒疫苗保护力。此外，PEDV 毒株基因组的多样性或遗传变异特征，给该病的防控带来一定困难。所以，持续对 PEDV 流行情况的监测，尽可能全面地掌握现地流行毒株遗传变异的规律，是 PED 精准防控施策的关键。

（三）临床症状

PEDV 引起猪发病的临床症状严重程度根据不同猪场的免疫情况和地方流行情况不同而有很大差异。但不论是主要临床症状或非典型临床症状，其标志性特征均为猪只的呕吐和腹泻，尤其是柱状水样腹泻更是其特征性症状。本病对所有年龄的猪只均可感染发病，其发病率有时高达 100%。经口腔人工感染后，病毒在新生仔猪中的潜伏期为 15～30h，育肥猪为 2 天；在自然感染的情况下，仔猪常常因严重腹泻后，脱水而死，病死率平均为 50%，对哺乳仔猪可高达 100%。日龄较大的仔猪耐过后也易形成僵猪，发育不良。在长期处于应激敏感状态下的猪感染猪流行性腹泻病毒后死亡率明显偏高。与猪传染性胃肠炎相比，PEDV 在封闭的种猪场内以及同一育肥猪群内或不同的育肥猪群间的传播较慢，在几个独立猪舍的种猪场和育肥猪场中，通常需要 4 周～6 周病毒才能感染不同猪舍的猪群，甚至有的猪舍的猪群不出现感染。

（四）病理变化

PED 引起的猪体病理学变化，无论从宏观和微观损害上来看，都与 TGEV 相关描述相似。由于呕吐导致胃部空旷，而吸收不良导致乳糜管缺乏乳糜。小肠充满液体且由于黏膜的萎缩导致肠壁变薄，肠内容物呈絮状。在小肠细胞浆中常出现一些超微结构变化，如细胞器的减少，出现电子半透明区，微绒毛和末端网状结构消失等；还可以见肠细胞扁平，脱落进入肠腔；在结肠部，含病毒的肠细胞出现一些细胞病变，但未见细胞脱落。除肠、胃部的损害外，如无继发感染，则不会出现其他器质性器官的明显病理变化。

通过免疫学试验和电镜观察的研究结果表明，PEDV 主要在小肠和结肠的绒毛上皮细胞浆中复制。用免疫荧光技术检测接种病毒 12h～18h 后的小肠上皮细胞可发现 PEDV 的存在，于 24h～36h 时可达到高峰，也有研究表明病毒在十二子肠、空肠、回肠、盲肠黏膜均有存在。另外，被感染猪的小肠上皮细胞绒毛变短、腺窝深度缩小。对于仔猪来说，PEDV 与 TGEV 在小肠中的致病特点极为相似，但相较而言由 TGEV 致病后，猪只具有更为严重迅速的临床症状，接种后病毒 24h 内，TGEV 对小肠上皮绒毛的损害更大且更为广泛；由于 PEDV 在小肠中复制和感染过程慢，故其潜伏期较长；此外，肠道外其他组织细胞中未检测到 PEDV 的复制。经免疫荧光试验结果证实，在普通育肥猪的小肠和结肠绒毛上皮细胞中均可发现病毒存在；另有学者在细胞模型上研究了 PEDV 与其他病原的细胞内共感染机制，如以 Vero 细胞为模型研究支原体与细胞适应株猪流行性腹泻病毒共感染后的细胞水平的变化，结果发现，PEDV 可以持续性诱导改变支原体繁殖周期，用透射电镜观察发现被支原体和 PEDV 共感染的细胞中，存在许多变异内含小体。

（五）主要损失

近年来 PEDV 在欧美、非洲和亚洲多地广泛流行，阻碍全球养猪业发展，影响国际生猪贸易。我国自 20 世纪 80 年代初以来，在东北、华中、华南、西南等多地区陆续有本病发生的报道。从近十年的调查情况看，该病在我国云南、贵州、四川、广西、福建、黑龙江、内蒙古等多地均有发病报道，且流行情况日趋严重，给养猪产业带来巨大损失。

二、实验室确诊技术

1. 免疫血清学

对于 PEDV 的现有免疫学检测方法主要有：免疫荧光法、病毒中和试验、ELISA 法和免疫层析技术等。在早期主要应用直接免疫荧光法和病毒中和试验来对 PEDV 进行研究和诊断，如利用成熟的免疫荧光技术，对被 PEDV 感染的组织细胞进行染色观察，可发现细胞质内特异性的荧光信号。目前已有商品化的间接 ELISA 方法，以 PEDV 全病毒或其主要抗原蛋白 S 蛋白作为包被抗原包，检测血清中特异性 IgG，或乳汁、肠道粪便黏液中特异性 IgA 抗体。这类法是免疫猪抗体水平监测的重要工具。此外，以胶体金免疫层析法为代表的 ICA 技术，具有简单快捷和结果判定直观的优点。目前国内外已开发出多种针对 PEDV 的商品化胶体金免疫层析法检测试剂盒，并在现场即时检测中广泛使用。

2. 分子生物学

PCR 和荧光定量 PCR 都是传统分子生物学检测技术的代表，也是当前 PEDV 检测技术研究的热点。尤其是探针法荧光定量 PCR 具有高度敏感和特异的优点，还可根据需要进行多病原同时检测提高效率，是 PEDV 病原检测的首选技术。此外，环介导等温扩增技术（LAMP）也是分子检测技术的代表之一，其同样具有快捷简便和无需特殊设备的优点，但目前针对 PEDV 的 LAMP 检测方法处于研究阶段，尚未无专门的商品化检测试剂盒。

三、中兽医辨证施治

1. 辨证治则

若圈舍污浊，环境、饲料受疫毒污染，湿热疫毒内侵，湿热相搏，里结肠胃，脾阳不振，水湿运化失司，气机升降失常，则呕吐下痢，水湿下注而成泄泻，此证患猪体温稍高，泻痢不爽，肛门充血红肿。此为湿热泄泻之证。应以清热解毒、化湿止泻为治则。

若圈舍污浊，环境、饲料受疫毒污染，湿热疫毒内侵，湿热相搏，里结肠胃，脾阳不振，水湿运化失司，气机升降失常，则呕吐下痢，水湿下注而成泄泻。此为湿热泄泻之证。应以清热解毒、化湿止泻为治则。

2. 防治措施

1）中兽药防控

①寒湿泄泻

a. 预防 用荆防败毒散 2kg+平胃散 2kg 拌料 1000kg，连续饲喂 5～7 天。

b. 治疗 用荆防败毒散 4kg+平胃散 4kg 拌料 1000kg，连续饲喂 5～7 天。

②湿热泄泻

黄连解毒散 4kg+乌梅散 4kg 拌料 1000kg，连续饲喂 5～7 天。小猪可将两种药混合调成药汤喂服或灌服。

2）处方药防控

清热解毒、化湿止泻

①石乌散：石榴皮、乌梅、葛根、白芍、生地榆、黄连、黄芩、干姜、柯子、炒山楂、芦根，各适量，共研细末，每日每头猪 20～30g，开水冲调，候温喂服或灌服，连用 3～5 天。

②若泄泻日久，正气受损，则宜益气滋阴、止泻收敛、保护胃肠。可用党参、黄芪、升麻、麦冬、玄参、乌梅、柯子各 50g，陈皮 40g，槐花炭 150g，黄连、甘草各 30g，大枣 20 枚。混合加水适量，水煎 3 次，掌握 3 次所煎药液总量在 500mL 左右，候温大猪一次拌料内服或灌服，每日 1 剂，连用 3～5 天。仔猪每次可取 30～50mL 灌服。

③七味白术散：党参、焦白术、茯苓各 30g，煨木香、炮姜、藿香各 25g，炙甘草 20g。1 剂早晚 2 煎，取汁候温，加白糖 200g，成年猪混于饲料中自食，每天 1 剂，仔猪剂量减半，连服 4～5 天，具有健脾养胃、补中益气之效。

④胃苓汤（出自《丹溪心法》）：猪苓 45g，泽泻 75g，白术 45g，茯苓 45g，桂枝 30g，陈皮 50g，厚朴（姜汁炒）50g，苍术 80g，甘草（炒）30g，为末，大枣、生姜煎汤冲调，候温拌料喂服或灌服，大猪每日 60～80g，中猪每日 40～50g，小猪每日 20～30g。也可将诸药加大枣 10 枚，生姜 20g 煎水，同前法服用，每天 3 次，3 日 1 剂。

民间验方：

鲜大蒜 1 份去皮，捣烂，加白酒 2 份，浸泡于密封容器内。6h 后取出。体重 25kg 以下的小猪内服 1～5mL，25～50kg 的中猪内服 5～10mL，50kg 以上的大猪内服 20mL，日服 2 次。

四、综合防控

1. 免疫预防

疫苗免疫接种是目前预防 PED 的主要手段。该病由于发病日龄小、发病急、病死率高，往往难以依靠自身的主动免疫完全抵抗和康复，因此现行的猪病毒性腹泻疫苗大多是通过给母猪预防注射，依靠初乳中的特异性抗体给仔猪提供良好的保护。

强毒疫苗：早期国外发病猪场多用本场发病猪的肠内容物和粪便混入饲料内，对母猪尤其是妊娠母猪进行口服感染，通过被动免疫使仔猪得到明显保护。但该方法使用粪便强毒，容易造成猪场环境污染和强毒在圈舍长期存在，导致该病的反复发作，因此，应减少或禁止使用此类方法。

弱毒疫苗：当前 PEDV 弱毒疫苗株主要包括：日本的 P-5V 株、韩国 KPEDV-9 株、DR13 株以及国内的 CV777 株和猪传染性胃肠炎、猪流行性腹泻二联疫苗（WH-1 株+AJ1102 株）。由于活病毒诱导抗体产生相对较快、抗体水平高，一般来说，在自动免疫时弱毒疫苗的免疫效果要比灭活疫苗好。弱毒疫苗的接种途径为鼻黏膜和肌肉注射。但由于在我国该病流行较广，猪群母源抗体水平普遍较高，因此弱毒疫苗的主动免疫效果受到一定程度的限制。此外，由于 PEDV 变异毒株的出现，可能导致部分传统疫苗株的保护效果下降。如：当前在亚洲流行的 PEDV 毒株以 G2 型为主，而疫苗株 CV777 与 AJ1102 属 G1 型。因此，进一步分离和筛选适宜于不同地区的候选毒株研制新的 PEDV 疫苗仍是未来研究的方向。

2. 综合措施

1）加强生物安全措施。尤其是产房，尽量做到全进全出，做好消毒等细节工作。断奶仔猪也可以通过感染来缩短该病持续的时间。当存在猪痢疾或其他并发疾病时，治疗并发疾病可加速 PEDV 的康复。

2）加强饲养管理。随时为猪只提供充足的饮水，并为所有被感染母猪所产的仔猪提供代乳品，因为被感染的母猪会发生无乳症状。患病仔猪可用葡萄糖（如甘氨酸电解质溶液）进行治疗。

3）虽然猪用干扰素已用于减少体重损失，而且也已发现混合单克隆抗体和卵黄抗体具有保护作用，但该病没有特异性疗法。母猪注射疫苗，可以通过母源抗体来保护仔猪，但有些猪场很难起到理想的保护率。

4）建议无害化处理染病死仔猪，可深埋并消毒。

5）本病应用抗生素治疗无效。猪干扰素可以降低体重损失，与单克隆抗体配合使用可以对仔猪产生一定保护作用。治疗小猪时，可利用葡萄糖、甘氨酸及电解多维。

第八节

猪传染性胃肠炎

猪传染性胃肠炎（transmissible gastroenteritis of swine，TGE）又称幼猪的胃肠炎，是一种高度接触传染性，以呕吐、严重腹泻、脱水，致两周龄内仔猪高死亡率为特征的病毒性传染病。育成猪、育肥猪临床症状轻微，只表现数天厌食或腹泻，一般情况下7天可耐过，但会影响猪的增重并降低饲料报酬。后备母猪、基础母猪及公猪表现腹泻或厌食，即可耐过。如果有发病史，可能有抵抗力而不表现任何发病症状。OIE 将其列为 B 类动物疫病。目前商品疫苗效率不高。

一、疫病概况

（一）流行病学

1. 流行病史

从 1933 年起，在美国的伊利诺伊州就有本病的记载，随后，日本于 1956年、英国于 1957 年相继发生本病。以后许多欧洲国家、中南美洲、加拿大、朝鲜和菲律宾相继报道了本病。除美国的阿拉斯加、丹麦、挪威、瑞典、芬兰等北欧各国以及澳大利亚等国之外，在北半球，特别是北纬三十度以北的温带至寒带地区，均有 TGE 发生。我国的四川、湖北、吉林、陕西、台湾地区、北京、广州等省市也有本病的发生。

该病的发生有明显的季节性，以冬季和春季冷季节期间发生较为严重，发病高峰为 1～2 月份。新疫区呈流行性，老疫区呈地方流行性或周期性流行。

2. 易感动物

猪对 TGE 病毒最为易感，而猪以外的动物如狗、猫、狐狸、燕八哥等不致病，但他们能带毒、排毒。各种年龄的猪都可感染，但十日龄以内的猪最为敏感，发病率和死亡率都高，有时高达 100%。猪随着年龄的增长，临诊症状减轻，多数能自然康复，但可长期带毒，达 2～8 周。

根据不同年龄猪的易感性，TGE 可呈三种流行形式。其一呈流行性，对于易感的猪群，当 TGE 病毒入侵之后，常常会迅速导致各种年龄的猪发病，尤其在冬季，大多数猪表现不同程度的临诊症状；其二呈地方流行性，局限于经常有仔猪出生的猪场或不断增加易感猪如肥育猪的猪场中，虽然仔猪能从免疫后或从母猪乳汁中获得被动免疫，但受到时间和免疫能力的限制，当病毒感染力超过猪的免疫力时，猪将会受到感染。所以 TGE 病毒能长期存在于这些猪群中；其三呈周期性流行，常发生于 TGE 病毒重新侵入有免疫母猪的猪场，由于前一冬季感染猪在夏天或秋天已被屠宰，新进的架子猪和出栏猪便成为易感猪。

3. 传播媒介

病猪和带毒猪是本病的主要传染源，它们从粪便、呕吐物、乳汁、鼻分泌物以及呼出气体排泄病毒，污染饲料、饮水、空气、用具等。病毒可通过猪的直接接触传播；也可通过呼吸道传播，粪便带有病毒可经过口、鼻感染传播；母猪乳汁可以排毒，并通过乳汁传播给哺乳仔猪。同时，狗、猫、狐狸、燕八哥、苍蝇等也可带毒、排毒、机械地传播本病。另外是感染了 TGE 病毒的动物尸体，业已证明，血液和屠宰后的废弃物可将 TGE 病毒传入猪群。

（二）毒株进化

1. 血清型变化

血清学调查表明，TGE 的阳性率在不同的国家和地区猪群中不同：加拿大 8% 的猪和 19% 猪群，德国 21%，荷兰 17%，美国 50%～54% 猪群和 31%～54% 的猪。在夏威夷，1.5% 的屠宰猪中分离到 TGE 病毒。

到目前为止，世界各地所分离的 TGEV 毒株均属同一个血清型，在抗原上与猪呼吸道冠状病毒、猫传染性腹膜炎病毒和犬冠状病毒有一定的相关性，与猪呼吸道冠状病毒有交叉保护。各毒株之间有密切的抗原关系，但也存在广泛的抗原异质性。TGE 病毒与猪血凝性脑脊髓炎病毒和猪流行性腹泻病毒无抗原相关性。

2. 毒力变化

在 PH4～8 的环境下 TGEV 的活性相对稳定，且病毒株的毒力会随时间逐渐降低，对胰酶的敏感性也随之提高。TGEV 的结构特性能让该类病毒在胃肠道的酸碱环境下更易存活。但截至目前没有发现各类化学、物理的处理会对

TGEV 敏感性、毒力产生直接的影响。

3. 分子遗传进化

TGEV 基因组为不分节段的单股正链 RNA，大小约为 28.5kb，包含有 5'端甲基化的帽子结构，3'端长度不一的 Poly（A）尾巴结构。基因组编码 9 个开放阅读框（ORF），分别编码 4 种结构蛋白（纤突糖蛋白 S、膜蛋白 M、囊膜蛋白 E 和核蛋白 N）和 5 种非结构蛋白（复制酶 1a、1b、3a、3b 和蛋白 7）。基因组顺序为 5'-ORF1a-ORF1b-S-3a-3b-E-M-N-7-3'。

TGEV 与猪呼吸道冠状病毒（PRCV）的核苷酸和氨基酸序列有 96% 的同源性，并已证明 PRCV 由 TGEV 进化而来，但两者之间并无交叉保护。

（三）临床症状

本病的潜伏持续时间相对较短，多持续半天到三天的时间。传播速度也比较快，能在四天左右蔓延全群。但在不同生产阶段和发病区域生猪群内出现这种疫病的影响范围存在不同的情形。

仔猪发病急促，典型症状是短暂呕吐，水样腹泻，粪便为黄绿色或暗绿色，其中出现没有完全消化的乳凝块，伴随着一股恶臭味；发病 2～5 天可见机体迅速脱水，被毛干涩、粗乱、极度消瘦，10 日龄以下仔猪一旦发病将死亡过半；半月龄的仔猪更容易感染该病，感染后 12～24h 会出现呕吐，继而出现严重的水样或糊状腹泻，粪便呈黄色，常夹有未消化的凝乳块，恶臭，体重迅速下降，仔猪明显脱水，发病 2～7 天死亡，死亡率达 100%；半月龄后的仔猪大多能治愈且正常生长，但长成后体型发育不良。断乳猪感染后 2～4 天发病，表现水泻，呈喷射状，粪便呈灰色或褐色，个别猪呕吐，在 5～8 天后腹泻停止，极少死亡，但体重下降，常表现发育不良，成为僵猪。如图 1-2 所示。

图 1-2　仔猪呕吐

成猪感染后的临床表现没有仔猪严重，多数的症状为进食量下降，会伴随呕吐的现象出现，但之后大多能痊愈。成年母猪泌乳减少或停止，一周左右腹泻停止而康复，极少死亡。仔猪腹泻、脱水、死亡见图 1-3 所示。

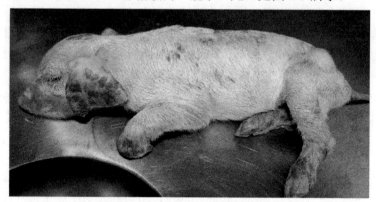

图 1-3　仔猪腹泻、脱水、死亡

（四）病理变化

剖解病死仔猪，侵损最严重的部位是胃和小肠，呈典型卡他性炎症反应。胃内充盈凝乳块，胃底粘膜充血，胃壁散在出血点；小肠内包容黄绿色或灰白色液体，含气泡和凝乳块，消除粘膜亦有充血，肠系膜淋巴肿胀，粘膜有坏死、脱落现象。整个小肠气性膨胀，肠管扩张，内容物稀薄，呈黄色泡沫状，肠壁呈透明状，迟缓而缺乏弹性。如图 1-4、1-5 所示。

图 1-4　小肠膨胀胃壁出血

图1-5　胃内含未消化的乳汁，小肠气性扩张

解取小肠后，剖检一段用生理盐水清洗去肠内容物，置平皿中加入少量盐水，在解剖镜下观察可见健康猪空肠绒毛呈棒状，均匀，密集，可随水的振动而摆动；而患病猪小肠绒毛变短，粗细不均，甚至大面积绒毛仅留有痕迹或消失。如图1-6、1-7所示。

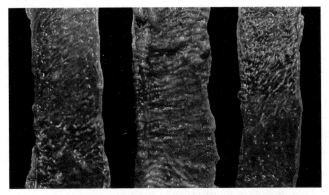

图1-6　小肠壁变薄，绒毛变短甚至大面积消失

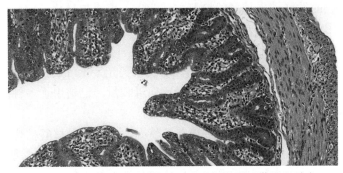

图1-7　空肠及回肠黏膜层可见全面性的绒毛萎缩和融合

（五）主要损失

TGE 对首次感染的猪群造成的危害尤为明显。在短期内能引起各种年龄的猪 100%发病，病势依日龄而异，日龄越小，病情愈重，死亡率也愈高，2 周龄内的仔猪死亡率达 90%～100%。康复仔猪发育不良，生长迟缓，在疫区的猪群中，患病仔猪较少，但断奶仔猪有时死亡率达 50%。1977 年，法国仅用于应对 TGE 的暴发就投入了 1000 万美元的防治费用。

二、实验室确诊技术

1. 免疫血清学

TGE 病毒能凝集鸡、豚鼠和牛的红细胞，不凝集人、小鼠和鹅的红细胞。因此可以使用血凝和血凝抑制试验进行检测。

血清中和抗体在 TGEV 感染猪后的 7～8 天便可检测到，并且在猪体内存在 18 个月。该方法便捷准确，使用较为广泛。但需要成熟的实验室平台。

应用 ELISA 技术对血清抗体检验具有低技术、低要求、高效检测大批量样品，适用于实验室血清诊断以及疫病普查。血清学检测的方法能在猪感染 TGEV 一周时间之后检测出血清中的抗体，检测时间范围能一直存在超过 18 个月。

2. 分子生物学

目前，胶体金技术因其方便快捷，准确高效等特点，在养殖场临床诊断时广泛应用，现已成为继荧光标记技术、酶标记技术之后又一重要的免疫标记技术。畅丹等通过纯化后的 TGEV N 蛋白单克隆抗体特异性识别病毒粒子，有较好特异性与灵敏性。研究人员建立了一种检测 PEDV 特异性 SIg A 的免疫层析方法，可以特异性地检测猪抗 PEDV 特异性 SIg A。

随着科技的发展越来越多的检测方法问世，聚合酶链式反应成为检测猪传染性病毒常用的方法。该方法包含：RT-PCR、多重 RT-PCR、巢式 RT-PCR、实时荧光定量 PCR 检测方法等，截至目前已经有数个 TGEV 的 RT-PCR 检测方法，大大解决了临床诊断的效率。其中实时荧光定量 PCR 检测方法具有简便、快速、灵敏、高效等特点并可以确定病毒载量，已被用于多种病毒性疾病的检测。

反转录环介导等温扩增是一种简单、特异、低成本的核酸扩增方法，近年来在感染性疾病诊断中已经广泛应用，与 PCR 技术相比较，不需要热循环仪，在反应体系中加入荧光染料后可依据颜色变化进行结果判定。

以上方法都能够对 TGEV 的感染进行快速、准确的检测。

三、中兽医辨证施治

1. 辨证治则

冬季、初春时节，湿热疫毒内侵，湿热相搏，里结肠胃，脾阳不振，水湿运化失司，气机升降失常，则呕吐下痢，水湿下注而成泻痢，此证患猪体温稍高，泻痢不爽，肛门充血红肿。此乃湿热邪毒内陷之湿热痢疾证。应以清热解毒、利湿止泻为治则。

2. 防治措施

1）中兽药成品

可用黄连解毒散 4kg+茵陈蒿散 4kg+乌梅散 4kg 拌料 1000kg 饲喂，连续使用 7-10 天。

仔猪可将三种药混合调成药汤喂服或灌服，每日 3 次，连用 5～7 天。

2）处方药防控

①白头翁汤（出自《伤寒论》）合郁金散（出自《元亨疗马集》）加味治疗：白头翁 60g，黄连 30g，黄柏 45g，秦皮 60g，郁金 30g，煨柯子 15g，大黄 60g，栀子 30g，白芍 15g，木香 20g，枳壳 30g，焦山楂 60g，焦神曲 60g。共为细末，开水冲调，候温拌料喂服或灌服。大猪每天 80g～100g，中猪每天 50g～60g，小猪每天 20g～30g，连用 5～7 天。

②苍术、白术、川厚朴、陈皮、泽泻、猪苓、茯苓各 20g，桂枝、甘草各 15g，水煎取汁灌服。粪干者加入大黄或人工盐；腹胀者加川木香、莱菔子；体弱者加党参、当归、肉苁蓉；体温偏低者加附子、肉桂、小茴香；胃寒腹痛者加干姜或生姜；有表征者加桂枝；有泻痢不止者加补骨脂、草豆蔻、吴茱萸、五味子。

③白头翁、黄柏各 30g，黄连 10g，秦皮、白芍、大黄炭、金银花炭各 25g，泽泻、茯苓各 15g，苍术、陈皮、厚朴各 20g，木香 15g，甘草 5g。此剂量为 20kg～40kg 猪的用量，临床上可根据猪的大小、多少酌情掌握，煎水去渣，每天拌料喂服或灌服 2～3 次，连用 3～4 天。

3）民间验方

验方 1：白头翁、龙胆草、铁苋菜、苦参各 50g，麦芽、陈皮、山楂各 30g。该处方以水煎服，母猪使用全量饲喂，中小猪根据长势酌情减量。临床治疗试验表明，该中草药处方对猪传染性胃肠炎病治疗 3 天后有效率可达 60% 以上。

验方 2：地锦草 80g，穿心莲 30g，赤石脂 20g，黄芩、泽泻、黄柏、猪苓各 15g，黄连、五味子各 10g。同样以水煎服，大猪全量，中猪与小猪减量，1剂/天，连续使用，至愈后停药，最多连用 6 天。使用该中草药处方治愈率可达85%以上。

四、综合防控

1. 免疫预防

1）疫苗

灭活疫苗保留了病毒的免疫原性，用其免疫母猪，对机体刺激产生的抗体效价高，持续时间长，仔猪从母猪乳汁中获得母源抗体。灭活疫苗具有安全性高、无散毒和毒力返强的特点，且对紧急预防接种是不利的，应提前接种，以保证免疫预防产生最佳效果。

TGEV 与 PEDV 二联弱毒活疫苗有很高的保护率，能够在较短的时间内产生高水平的免疫应答，能够诱导明显的黏膜免疫。目前应用的 TGE 弱毒株制成的弱毒疫苗可经口服、鼻黏膜和肌肉注射进行免疫，母猪经免疫后可分泌含有特异性抗体的乳汁，仔猪通过母乳获得被动免疫。弱毒疫苗的优点是免疫剂量小，免疫原性好，免疫周期长，成本低廉，易于操作，但其存在毒力返强的风险。

亚单位疫苗中特殊的高分子可以诱导机体产生高水平的抗体，起到免疫保护作用。TGE 基因工程疫苗研究的首选抗原基因为 S 基因。1998 年和 2000 年有学者分别用转基因芥菜和转基因土豆表达蛋白，所有被检测植物均为阳性，前者免疫小鼠后可产生病毒中和抗体，而后者表达的蛋白免疫小鼠不能产生中和抗体；2004 年有学者将 TGEV S 蛋白在玉米中进行高效表达，用该转基因玉米喂猪，显著提高乳汁中 IgA 抗体浓度。也有学者做了核酸疫苗的研究，病毒的 N 基因克隆至 pc DNA3.1 真核表达载体构建重组质粒，免疫小鼠，获得了良好的细胞和体液免疫应答；也有学者通过真核载体表达系统完成了核酸疫苗的制备，产生特异性抗体，取得良好的实验结果。

2）免疫程序及评价

目前，本病没有有效的药物进行治疗，疫苗接种仍是控制本病的重要手段，我国已经成功研制了猪传染性胃肠炎与猪流行性腹泻二联灭活苗和弱毒苗，在妊娠母猪产前 20～30 天接种，使母猪产生抗体，仔猪从乳汁中获得母源抗体保护。而亚单位疫苗、基因缺失疫苗、转基因植物疫苗等尚处于试验研究阶段。

在特殊情况下，尽快利用病猪新鲜腹泻物、肠组织及其内容物返饲妊娠母猪也可迅速控制疫情，但存在散毒、污染的巨大风险。

2．净化消除

1）净化群（个）体评价

参照《动物疫病净化示范区评估标准（试行）（2019 版）》，建议同时满足以下条件视为该群体免疫无疫标准：群体抽查，猪传染性胃肠炎病毒病原学检查均为阴性；群体连续两年以上无疫情；现场综合审查通过。建议同时满足以下条件视为群体无疫：群体抽查，猪传染性胃肠炎病毒抗体检测均为阴性；群体连续两年以上无疫情；现场综合审查通过。

2）净化策略

因为药化净化主要对细菌性和寄生虫类疾病的预防和控制有效，因此 TGEV 的净化主要通过疫苗净化和猪种净化通过自繁自养和无特定病原猪的培养来净化猪群。

疫苗净化：猪传染性胃肠炎、猪流行性腹泻二联灭活疫苗后海穴位（即尾根与肛门中间凹陷的小窝部位）注射。妊娠母猪于产仔前 20～30 日按疫苗要求剂量接种，其所生仔猪于断奶后 7 日内按疫苗要求剂量接种。其余仔猪和育成猪按疫苗要求剂量接种。

猪种净化：通过自繁自养和无特定病原猪的培养来净化猪群。

集约化猪场要建立自己的兽医检验室，通过检验室开展临床观察。

3．综合措施

目前，市场上有几种预防 TGE 的疫苗，主要是灭活苗和弱毒苗，疫苗免疫后能够提供良好的免疫原性，但是疫苗只能起到预防的作用，在感染初期并不能阻止或者减慢病情的发展。因此，需要注重该病的综合防控措施，做好生物安全和生产管理。

1）生物安全

平时注意不从疫区引种，加强猪场的卫生消毒，严格控制外来人员和车辆进入厂区，有助于减少本病的发生。

2）生产管理

加强饲养管理，不喂未熟化饲料，或采用全价料，提供宜居环境。

第九节

猪轮状病毒

轮状病毒（Rotavirus，RV）是重要的人畜共患病原之一。各种年龄和性别的猪都可感染轮状病毒，2～6 周龄仔猪易感，3 周龄仔猪高发。猪轮状病毒（Porcine Rotavirus，PoRV）主要导致哺乳和断奶仔猪出现急性病毒性胃肠炎，仔猪高热、精神沉郁、食欲下降、呕吐、腹泻、脱水、酸碱失衡等，成年猪会因为感染后免疫系统成熟和肠道生理变化而具有抗性。病毒通过粪-口途径传播，破坏成熟小肠的肠细胞正常结构，表现出肠绒毛缩短、稀疏、不规则，固有层具有单核细胞浸润引起严重腹泻，不仅影响畜牧业的发展，也威胁人类安全。

一、疫病概况

（一）流行病学

1. 流行病史

1969 年，轮状病毒（Rotavirus，RV）在犊牛中首次被发现，1974 年，英国首次报道了猪轮状病毒（Porcine Rotavirus，PoRV），随后在多个国家和地区相继报道了该病，我国于 1981 年在腹泻仔猪粪便中首次分离到该病毒。

2. 易感动物

轮状病毒的易感宿主很多。犊牛、仔猪、羔羊、狗、幼兔、幼鹿、猴、小鼠、鸡、火鸡、鸭、珍珠鸡、鸽和儿童都可感染 RV。其中以犊牛、仔猪及儿童的轮状病毒病最为常见。各个年龄段的猪都可感染发病，且越小日龄感染后会有越明显的症状，成年猪感染后不会表现出症状。

3. 传播媒介

该病的主要传染源是病猪和隐性感染带毒猪，病毒主要存在于病猪的肠道内，常通过粪便排到体外，污染圈舍周围的土壤、器械、饮水、饲料等，其他猪通过消化道感染发病，速度传播很快，因此该病往往呈地区性流行。

（二）毒株进化

1. 血清型变化

RV 病毒粒子表面共有 3 种抗原，分别为群抗原、中和抗原、血凝素抗原。群抗原是 VP6，据 VP6 抗原划分，将轮状病毒划分为 10 个独立的抗原群（A-J、RVA-RVJ），I 和 J 种类是分别在匈牙利的犬和塞尔维亚的蝙蝠中鉴定出来的。感染人类和动物的最常见群体是 A，B 和 C 群（RVA，RVB 和 RVC），A 群毒株流行率最高。然而，RVB，RVC，RVE，RVH 和 RVI 已在各种哺乳动物中呈现地方性、散发性流行，在家禽（如鸡和火鸡）中新发现 RVD，RVF 和 RVG 群。A，B，C，E 和 H 群的 RV 可感染猪。根据中和抗原 VP7 和血凝素抗原 VP4 的抗原性不同分 28 个 G 血清型和 39 个 P 血清型。VP7 决定了轮状病毒流行病学中重要的 G 血清型，G1、G2、G3、G4 因常见而被用于制备疫苗。VP4 为次要中和抗原，决定了轮状病毒流行病学中的 P 血清型。通过轮状病毒的分子流行病学调查发现，在世界广泛流行的 A 组轮状病毒主要有 4 种 G、P 血清型组合，分别是 G1P8、G2P4、G3P8 和 G4P8。猪轮状病毒在世界范围内广泛存在，存在的血清群为 A、B、C 和 E，以 A 群最普遍。目前在亚洲流行前 3 位的 A 群 G 基因型为 G5（29.4%）、G3（25.4%）和 G9（11.37%），P 基因型为 P[7]（41.6%）、P[6]（9.9%）和 P[23]（8.73%），G9 基因型可能是中国乃至亚洲最新流行的毒株。RVA、RVB 和 RVC 在欧洲感染普遍，在一些非洲国家也有报道；美洲国家猪 RVA 最流行的 G 基因型为 G5（71.4%），其次为 G4（8.2%）、G3（3.57%）、G9（2.31）和 G11（1.9%）。PoRV 在我国范围内均有流行，腹泻样本中的病毒阳性率为 3.8%～68.4%，抗体阳性率为 42.5%～95.7%，无腹泻症状的猪群中仍可检测到 PoRV，阳性率为 0%～31.7%，平均阳性率为 13.6%。中国报道的 PoRV I 型有 I5、I1 和 I2，以 I5 型最为普遍；P 型有 P[13]、P[19]、P[23]、P[34]、P[6]和 P[7]，以 P[23]、P[13]和 P[19]为主，我国主要流行的是基因型组合为 G5P[7]的猪轮状病毒。

2. 毒力变化

动物轮状病毒通过基因重组可对人类构成潜在的威胁，引起人畜共患。越来越多的报道表明，近年来人类新发的轮状病毒如 G9 和 G12 型可能是通过基因重组的猪轮状病毒。2018 年，原霖首次在中国猪群中发现 A 群猪轮状病毒

G4P[6]株，该型轮状病毒与在中国武汉胃儿童样品中检测到的人轮状病毒和在越南腹泻猪群中检测到的猪轮状病毒高度同源，推测该轮状病毒可在人和猪群间传播。2019 年，严楠研究发现具有 VP4 基因重组特征的猪源 G3P[13] RVA 毒株可以跨种间传播到人，该研究首次提供了流行病学链条完整的猪 A 群轮状病毒感染人的案例，对深入了解猪 RVA 的遗传进化和跨种间传播具有重要意义，该研究还发现该猪场感染鼠的 G3P[13]型 RVA 毒株来源于同场猪源 但鼠源 G3P[13]型 RVA 毒株的 VP4 基因未发生重组。

3．分子遗传进化

猪轮状病从被发现至今已经有 28 个 G 血清型和 39 个 P 血清型。2012 年时洪艳等从中国的一只腹泻仔猪上成功分离出中国首例 G9 毒株，并命名为 China/NMTL/2008/G9P。2013 年，王璐根据 GenBank 中 VP7 基因序列设计合成特异性引物，分析猪 A 群轮状病毒的 G9 基因型的遗传变异情况，遗传进化树分析表明：我国的黑龙江哈尔滨市、绥化、辽宁省、内蒙古地区等 GARV 同源性高，而广西、浙江、贵州、北京等省市的病料样品 GARV 同源性低。2013 年，在泰国针对猪轮状病毒的研究中发现，在不同的 GARV 的毒株中，首次发现了 G4P[19]和 G9P[19]新基因型组合。近年，俄罗斯的研究者对一个猪场感染的猪 B 群轮状病毒进行全基因组测序结果显示，GBRV 的 Buryat 15 株基因型群为：G12-P[14]-I13-R4-C4-M4-A8-N10-T4-E4-H7。

（三）临床症状

病猪初期采食量减少，精神不振、不愿走动，呕吐，继而腹泻，排糊状或水样稀便，颜色为黄色或黑红色，如图 1-8、1-9 所示（图解猪病鉴别诊断与防治，王泽岩，2019）。腹泻可延续 2～10 天以上，腹泻期间，体重减轻。最终因严重脱水，水盐代谢失调而死亡。各种年龄和性别的猪都可感染轮状病毒，2～6 周龄仔猪易感，3 周龄仔猪高发，潜伏期一般为 1 天。仔猪感染以后迅速地发生流行，在受到外界恶劣环境，例如潮湿寒冷、卫生条件差、饲料营养成分的含量不足，继发感染等的刺激时，其病死率将增加。仔猪在没有母源抗体保护的情况下，其病情会快速恶化，死亡率高达 100%。但是，如有母源抗体保护，1 周内的仔猪一般不会感染轮状病毒；1～3 周内的仔猪感染轮状病毒也仅发生较轻微的临床症状，并在 1～2 天以后痊愈；3～8 周龄的仔猪感染时，病死率在 20%左右，病情严重时，死亡率可高达 50%。

图 1-8　糊状黄色稀粪

图 1-9　水样黄色稀粪物

（四）病理变化

病猪消化道发生病变，剖检可见从胃部至大肠段，消化道内容物呈灰色、类白色或者淡黄色，且其中都含有未完全消化的乳汁或者凝乳块，小肠的肠壁细胞发生脱落，变薄呈半透明状；肠道内的内容物为黑色或黄色的水样液体，部分急性发病的猪因肠黏膜大面积出血，肠内容物存在血色，并散发血腥气味。小肠的肠系膜的淋巴结肿胀异常，肠绒毛缩短，可见隐窝细胞发生增生症状，淋巴细胞发生浸润，如图 1-10 所示。

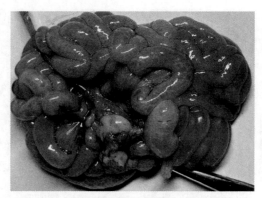

图 1-10　小肠肠壁薄、半透明、水样内容物

（五）主要损失

该病在全球均有分布，在常规饲养条件下，要使猪群不携带轮状病毒是非常困难的。该病能引起仔猪死亡，使饲料报酬降低，成年猪掉膘，增加人工费和药费的开支。据报道，在美国有 80%断奶前的仔猪会感染轮状病毒，死亡率为 15%，混合感染时，死亡率会更高。在英国，1～4 周龄仔猪感染轮状病毒的发病率超过 80%，死亡率为 7%～20%。我国自 1981 年首次发现猪轮状病毒感染性腹泻以来，发病率一般为 50%～80%，病死率一般在 10%以内。

二、实验室确诊技术

轮状病毒腹泻的急性期使用核酸电泳、基因扩增、核酸杂交等技术，可直接检测到病毒核酸，用细胞培养技术可以分离到病毒。而检查抗轮状病毒的抗体不能用于病毒的早期诊断，只适用于疾病的回顾性诊断及血清流行病学调查。

1．免疫血清学

免疫学诊断方法包括免疫荧光技术、血清中和试验、ELISA 试验，乳胶凝集试验，目前 ELISA 双抗体夹心法是检测猪轮状病毒抗体最主要的方法。

2．分子生物学

检测猪轮状病毒基因的主要技术包括 PCR 技术、分子探针技术、RNA 基因组电泳技术、基因芯片检测技术以及基于核酸序列的扩增技术等。PCR 技术可直接检测多种环境中不同样品，不需要细胞培养，且具有很高的灵敏度。由于轮状病毒为 RNA 病毒，所以用于其检测的是 RT-PCR 技术。根据不同的引物设计和不同的扩增方式，又将检查方法分为多重 RT-PCR、巢式 PCR 和原位 PCR 等，这些主要用于轮状病毒的定性诊断。而半定量、定量以及荧光定量 PCR 技术不仅可检测脑脊液、血清等不同临床样品中的轮状病毒，并进行定量分析，而且还通过抗原特异性血清型引物对病毒进行分型诊断。通过标记的特异核酸探针，用斑点杂交或 Northern 杂交方法可用于轮状病毒的诊断、分组、分型，也可用于轮状病毒的基因型和基因重配的检测，且具有灵敏性高和特异性好的特点。

三、中兽医辨证施治

1．辨证治则

参见本章第八节猪传染性胃肠炎。

2．防治措施

民间验方

柴胡 150g、黄芩 90g、芍药 90g、半夏 100g、生姜 160g、枳实 90g、大枣 160g、大黄 60g、石膏 100g。

四、综合防控

1．免疫预防

1）疫苗

猪轮状病毒疫苗主要分为弱毒苗和灭活苗。通过研究发现接种弱毒苗可以完全阻止仔猪发病和排毒，攻毒保护率高达 95%，而灭活苗较弱毒苗而言各项指标则相对偏低。目前，常用猪传染性胃肠炎、猪流行性腹泻、猪轮状病毒三联活疫苗，该疫苗具有安全有效、无副作用，且具有明显的预防效果。

2）免疫程序及评价

猪传染性胃肠炎、猪流行性腹泻、猪轮状病毒三联疫苗的推荐免疫程序为，后备母猪在配种前免疫两次，间隔 3～4 周，每头每次 1 头份；经产母猪在产前 6 周进行首免，每头每次 1 头份；产前 3 周二免，每头每次 1 头份；常规免疫在产前 4 周，每头每次 1 头份；免疫过的母猪所产仔猪，断奶后 7～10 天进行免疫接种；未免疫过的母猪所产仔猪，在出生 3 日龄免疫接种，每头每次 1 头份。

2．净化消除

1）净化群（个）体评价

首先，对净化群一定数量动物进行抽样检测，隔离检测结果为阳性的个体。

其次，对阳性个体的同栏或同群动物进行检测，在对目标群持续监测和反复隔离之后，最终达到并保持非免疫动物群血清学和病原学监测阴性，免疫动物群病原学监测为阴性，即可认定为该病达到净化。

2）净化策略

当前，防控该病的有效措施仍然是给母猪免疫接种疫苗。如在疫区，母猪由于感染过该病已经获得了免疫力，要尽快让初生仔猪吃上初乳而获得母源抗体保护。一旦发病，应将病猪隔离到清洁、干燥、温暖的猪舍中。发病猪应补给电解质，投给敏感抗生素控制其继发感染。使用含氯消毒药进行环境消毒。空置3～5天才允许转入新的猪群，同时，使用合适的诊断试剂对目标群的动物持续监测。

3. 综合措施

1）生物安全

轮状病毒是全球范围内引起婴幼儿严重腹泻的主要原因之一，在世界范围内是非常重要的健康和公共卫生问题。世界各国90%以上的婴幼儿在3岁之前均受到了轮状病毒的感染，每年全球约有60万人死于轮状病毒。该病不仅影响了全球儿童的健康，动物轮状病毒通过基因重组也可对人类构成潜在的威胁，并可引起人畜共患。研究表明猪轮状病毒有通过猪肉传染到人类的可能性。猪轮状病毒与人轮状病毒的跨种族传播和在人群、猪群中的全球流行，以及猪轮状病毒的食品安全风险，这些情况都警示我们必须重视猪轮状病毒对公共卫生的影响，并加强对猪轮状病毒的监测。

2）生产管理

采取引种隔离。猪场条件允许时，最好采取自繁自养，尽量使生物安全水平提高。如需到外地引种，要求必须去资质良好的猪场购买，且按照有关规定进行严格的检疫，到场后要先经过45天的隔离饲养，经过实验室检测确定没有感染疫病后才可混群饲养。对新生仔猪加强防寒保暖，使其尽早地吃到母乳，以得到母源抗体保护；断乳后的日粮和程序需要调整，具有高能量日粮和限期饲喂可以增强机体的非特异性免疫力，降低该病发病率与死亡率，对于妊娠母猪要饲喂营养丰富的饲料，满足生产后自身和胎儿的需要。避免饲养密度过大，保持空气畅通。严格消毒。规模化猪场要采取全进全出、封闭式饲养，定期进行消毒灭源，粪污必须及时清理并进行无害化处理。一旦发现病猪，应立即隔离。

第十节

猪乙型脑炎

流行性乙型脑炎（epidemic type B encephalitis），又称日本脑炎（Japanese encephalitis），简称乙型脑炎，是由乙型脑炎病毒（Japanese encephalitis virus，JEV）引起的一种人畜共患的自然疫源性疾病。乙型脑炎严重威胁人类健康。在动物中，猪对乙型脑炎病毒的感染是最普遍的。猪是乙型脑炎的重要传染源，猪感染后出现病毒血症的时间较长，血液中的病毒含量较高，媒介蚊又嗜其血，而且猪的饲养量数量大，更新快，容易通过猪-蚊-猪的循环，扩大病毒的传播。感染猪发病急，体温升高达 40～41℃，呈稽留热、精神委顿、嗜睡，个别表现明显的神经症状。怀孕母猪感染后引起早产、流产、死产等繁殖障碍，公猪则出现睾丸肿胀、萎缩、丧失配种能力，严重影响养殖业的发展。

一、疫病概况

（一）流行病学

1. 流行病史

人的乙型脑炎起源于日本，1871 年对这种疾病在临床上有了初步认识，1924 年，日本首次在 19 岁脑炎病人脑组织中分离到该病毒，1934～1936 年，日本马脑炎大流行，将病马脑组织接种小鼠后分离到与人脑中分离的性状一致的病毒，故称日本乙型脑炎。1935 年，我国第一次暴发了夏季脑炎。目前，除新疆、西藏外均有乙型脑炎流行的报道，尤其是海南、台湾、广东和福建等省常年有此病发生。

2. 易感动物

在自然情况下，马、猪、飞鸟、蝙蝠等都可以感染，人也易感。其中最易感的是马属动物，猪、人次之，而其他动物感染后大多数不发病，呈隐性感染。在国内的很多畜禽养殖场，均有隐性感染，其中猪、马、牛等的血清抗体阳性率最高，在正流行地区能高达 90%。但只有携带高滴度病毒的动物才对病毒的传播起主要作用，这些带毒动物在带有高水平的病毒血症阶段可成为传染源。猪在散播方面是十分危险的，首先是因为其养殖数量多、分布广，并且各个年龄的猪都可成为易感群。

3. 传播媒介

本病是通过蚊虫的叮咬而传播的，主要是以库蚊为主，而库蚊尤以三带喙库蚊在本病的传播过程中起到重要作用，是主要传播媒介。这些库蚊的地理分布是和本病的流行区域相匹配的，且其活动时节也正是本病的流行季节。在蚊子体内，正不仅能够繁殖和越冬，而且能经卵传代，而这些带毒的蚊子又可以在次年叮咬人和动物使其感染。另外一些带毒的候鸟、野鸡、蝙蝠在传播方面的作用也不可忽视，特别是候鸟的迁徙给病毒的散播提供了条件，而野鸡、蝙蝠体内也分离到了病毒。

（二）毒株进化

1. 血清型变化

JEV 只有一个血清型，根据编码 E 蛋白的基因序列，JEV 可分为 5 个基因型（基因 I - V 型）。从基因型分布特点来看，1967 年至今，基因 I 型 JEV 位于澳大利亚北部、柬埔寨北部、中国、印度、日本、韩国、老挝、马来西亚、泰国和越南；1951 年至 1999 年间，基因 II 型 JEV 偶见于澳大利亚北部、印度尼西亚、韩国、马来西亚、巴布亚新几内亚和泰国南部；基因 III 型 JEV 是引起乙脑流行的主要毒株，自 1935 年首次分离至今，发现该基因型毒株主要存在于中国、印度、印度尼西亚、日本、韩国、马来西亚、缅甸、尼泊尔、菲律宾、斯里兰卡、泰国、越南以及苏联等国；基因 IV 型 JEV 仅有 7 株，于 1980～1981 年间分离于印度尼西亚的蚊子；基因 V 型 JEV 有 3 株，分别分离于马来西亚、中国和韩国。

2. 毒力变化

根据感染途径的不同，乙脑病毒的毒力又可分为神经内毒力和神经外毒力。影响流行型乙型脑炎毒力的相关因素有很多,比如病毒与细胞受体的结合能力、病毒与细胞融合的速率、病毒 RNA 的合成速率等，这些因素都会在不同程度上影响病毒的毒力。但是乙脑病毒毒力的差异大多表现在神经外毒力的差异，脑内毒力差别不显著。实验研究发现自然界中存在神经外毒力不同的乙脑病毒毒株，根据不同乙脑病毒对成年鼠皮下致病力的不同，可以将乙脑病毒分为强毒株和弱毒株。虽然不同毒株的脑内毒力相差不大，但也发现个别毒株，如SA4株，经小鼠脑内接种后，病毒在脑内的增殖速度较其他毒株显著迅速，引起动物发病和死亡的时间更快，呈暴发型，与其他毒株比较死亡时间要提前约24h，同时，脑内病毒滴度的高峰也提前1天。

3. 分子遗传进化

乙脑病毒虽然仅存在一个血清型，但抗原性和免疫原性存在一定差异，有的毒株抗原性较广且免疫原性较强。病毒的基因型在20世纪70年代以前均为基因III型，自1977年开始出现基因I型病毒且基因I型病毒似有逐步增加的趋势，但多数I型毒株分离自蚊体，其与人体感染的关系尚不清楚。两种基因型间的核苷酸差异虽然较大，但氨基酸同源性很高，III型病毒株与I型病毒间氨基酸的同源性高达97%以上，而且主要的抗原位点没有差异。

（三）临床症状

猪感染乙型脑炎后主要表现为：潜伏期为3~4天，患病幼畜高热稽留，精神沉郁，步行跟跄，最后身躯麻痹而死；育肥猪持续高热；妊娠母猪主要表现为流产，产出大小不等的死胎、畸形胎，木乃伊胎及弱仔，流产后一般不影响下次配种；公猪单侧或两侧性睾丸肿大，局部发热，有痛感，数天后，睾丸肿胀消退，逐渐萎缩变硬，造成精液品质不良，不能配种，从而导致养猪业的经济损失。易感仔猪偶尔出现临床症状，成年猪或怀孕猪感染乙型脑炎后不一定表现临床症状，然而，怀孕的易感母猪受感染后，最终胎儿会出现不同程度的异常。

（四）病理变化

发病母猪子宫内膜充血和水肿，偶见出血点。流产胎儿皮下水肿、腹水增多、各实质器官变性、淋巴结充血、肺部充血水肿，偶见胎儿颅腔内积水无脑组织成分，呈现无脑症。产房仔猪感染JEV后，解剖可见胸、腹腔渗出液增多，水肿，淋巴结有出血点，脾脏与肝脏表面有呈点状坏死等。发病仔猪愈后脑组织发育不良，可见的症状主要有小脑发育不全、大脑皮层变薄和脊髓鞘形成不良。发病公猪解剖症状，附睾边缘与鞘膜脏层纤维素性增生变厚、睾丸与阴囊壁发生粘连，鞘膜与白质间有积液。

（五）主要损失

JEV对猪养殖业也造成了重大危害，所有年龄、品种的猪都易感该病。一般只有仔猪感染后会因出现脑炎而死亡，其他年龄的猪群感染后主要是引起繁殖障碍。感染妊娠期的母猪会出现流产，而公猪则易发睾丸炎。这样会严重影响猪群的数量和质量，给养猪业造成很大的并且是持续性的经济损失。

二、实验室诊断技术

1．免疫血清学

JEV 免疫血清学诊断方法包括血凝抑制试验、中和试验、补体结合试验、荧光抗体技术、酶联免疫吸附试验等。其中血凝抑制试验是流行病学调查和临床诊断中最常用的方法，JEV HI 抗体出现较早，一般在发病后 4～5 天开始出现，2 周左右达到高峰，可维持 1 年左右。因此测定 HI 抗体可用于早期诊断。中和试验是国际公认的乙脑病毒血清学检测金标准。该方法也是采取双份血清进行诊断，特异性高，但操作复杂且耗时，仅用于实验室检验，在临床中很少应用。

2．分子生物学诊断

许多学者用乙脑病毒的 E、C、NS1、NS3 等特异基因设计 RT-PCR 引物，建立的 RT-PCR 方法，最低可检出 10 pg 的 DNA，均得到很好的检测效果。还有根据 NS5、NS3、E 等基因分别设计引物与探针，建立了 Taq Man 荧光定量 RT-PCR 并成功应用于猪血清样品的检测，该方法是常规 PCR 灵敏度的 100 倍。逆转录环介导等温扩增（RT-LAMP）技术是一种快速、敏感、可靠、成本低廉的方法，卢冰霞等、李海洋等先后根据 JEV E 基因设计 4 条特异性 LAMP 引物，建立了 RT-LAMP 方法，方便了临床上对 JEV 的大批量快速筛查。田纯见等根据 JEV NS3 基因、孙圣福等根据 M 基因设计引物，也建立了 RT-LAMP 方法。

三、中兽医辨证施治

1．辨证治则

可参见本章第一节非洲猪瘟，也可用以下处方药治疗。

2．防治措施

1）处方药治疗

①板蓝根、生石膏（先煎）各 120g，大青叶 60g，生地 50g，连翘、紫草、栀子、丹皮各 30g，黄连、黄芩各 20g，芒硝 20g，水煎取汁，候温拌料喂服或灌服，每天 2 次，2 天 1 剂，连服 5～7 剂。此为 1 头大猪剂量。

②针对小猪则选用：生石膏（先煎）、板蓝根各 120g，大青叶 60g，生地、连翘、紫草各 30g，黄芩 18g。水煎，分 2 次拌料喂服或灌服，连服 5～7 天。

③白附子、天南星、僵蚕各 12g，全蝎 9g，天麻 15g，蜈蚣 6 条，共研细末，热酒调后灌服，每天 1 剂，分 3 次服完，连用 2～4 剂。此方用于急性发病的大猪。

2）民间验方

板蓝根 120g，石膏 120g，大青叶 60g，生地 30g，连翘 30g，紫草 30g，黄芩 18g，水煎后一次灌服。

四、综合防控

1．免疫预防

1）疫苗

目前，已有 4 种不同类型的 JEV 疫苗：鼠脑灭活疫苗、细胞培养灭活疫苗、细胞培养减毒活疫苗和基因工程减毒活疫苗。兽用乙脑疫苗主要为鼠脑灭活疫苗和地鼠肾细胞乙脑活疫苗。

2）免疫程序及评价

母猪群和种猪群的免疫，通常是在蚊子出现前的 20～30 天接种（3～4 月）一次，间隔 2～4 周进行二免；后备公母猪应在配种前再加强免疫接种一次；乙脑重疫区，为提高免疫密度，切断传染链，对其他类型猪群也应进行预防接种。处于热带地区的猪场，必须坚持全群每半年免疫一次的免疫制度。对应免疫接种评价可采用血清学抗体监测评价体系。

2．净化消除

1）净化群（个）体评价

猪乙型脑炎病疫苗接种可以阻止猪临床发病、降低强毒排出量，缩短强毒排出时间，进而减少带毒猪。对于计划进行野毒净化的猪场，配合好管理和生物安全，可在免疫前检测 JEV 抗体，评价感染的阳性率，免疫疫苗后，定期监测野毒感染阳性率，淘汰阳性种猪，最终实现净化的目标。净化实施完成后连续 2 年后，生产成绩正常稳定的猪群。收集蚊蝇等采样检测猪乙型脑炎病原，每年检测一次，采集 10%血清检测猪乙型脑炎病毒抗体，评价净化效果。

2）净化策略

筛选能够开展猪乙型脑炎净化的猪场，依照"检测－筛选/分群－剔除－检测－筛选－净化"的程序，采取对野毒感染猪群进行扑杀或筛选，加强消毒和逐步提高养殖管理水平等办法开展高致病性猪蓝耳病净化作业。

3．综合措施

1）生物安全

猪场的生物安全包括场外和场内的生物安全。切断传播途径，防止新毒株传入猪场。控制引种，防止 JEV 抗体阳性带毒和亚临床感染猪入群，确保精液不带毒。做好场内生物安全，清除场内 JEV 污染，阻断猪群 JEV 传播，灭蚊、蝇、鼠，及时淘汰发病猪与无害化处理等措施。

2）生产管理

严格采取隔离、消毒、扑杀等控制防疫措施，防止疫情扩散。对患病动物、病死猪及流产胎儿、死胎、胎盘、羊水等生殖道分泌物均须严格进行无害化处理；对猪舍和饲养管理用具及污染场所彻底严格消毒。同时，还要特别重视和加强对当年生仔猪或未经夏秋季节的幼龄猪及从非疫区引进猪的管理.

第十一节

猪　流　感

猪流感又称猪流行性感冒（Swine influenza，SI）是由 A 型流感病毒引起的一种猪的急性呼吸道传染病，在我国被划分为二类传染病。该病全年都可发生，但秋冬季高发，潜伏期一般 2~7 天，病程 1 周左右。猪只发病初期突然发热，体温升高可达 40~41.5℃，精神不振，食欲减退或废绝，喜打堆，不愿活动，呼吸困难，呈腹式呼吸，犬坐姿势，猛烈咳嗽，夜里安静时还可听到病猪哮喘声，眼鼻流出黏液，眼结膜充血。剖检可见喉、气管及支气管充满含有气泡的黏液，黏膜充血，肿胀，时而混有血液，肺间质增宽，淋巴结肿大，充血，脾肿大，胃肠黏膜有卡他出血性炎症，胸腹腔、心包腔蓄积含纤维素物质的液体。

一、疫病概况

（一）流行病学

1. 流行病史

1918 年，西班牙流感在人类社会流行期间，猪群中也同样暴发了瘟疫，直至 1930 年才第一次确认在猪之间传播的瘟疫是流感病毒。从病毒被确认直至 1990 年这 60 年时间，都是相对稳定的猪流感 H1N1 型。但在随后的十来年时间中，北美地区出现了 3 种不同亚型和 5 种不同血清型的变异毒株，1997~1998 年间北美又暴发猪流感，其实由人类、猪只及禽鸟的不同来源流感病毒基因重组而演变出来的 H3N2 新型毒株，1999 年加拿大又出现一种在禽类和猪只之间重组的毒株 H4N6。2009 年一种新型变异的 H1N1 流感毒株在美国出现，随后扩散至整个北美地区，通过分析新变异株发现其是一种由至少四类 H1N1 甲型流感病毒重组而成。2020 年我国的研究人员发现了一种从 2009 年大流行病的 H1N1 流感毒株演变而来的高度适应感染人类的所有基本特征的可能引发大流行病的新型猪流感病毒。

2．易感动物

猪、野猪是猪流感病毒的自然宿主，各种年龄、性别、品种的猪都可自然感染，也有人、家禽、火鸡等感染猪流感病毒的报道，猪流感病毒经常从猪传染给人，但大多不会在人与人之间传播。近年来有研究显示水貂、小鼠、雪貂、豚鼠等其他动物也可以感染猪流感病毒。猪也是禽、猪、人流感病毒的共同易感宿主，是流感病毒的中间宿主和基因重组的天然工厂，在流感病毒的进化和传播中具有重要的作用。

3．传播媒介

猪流感病毒主要通过鼻、咽途径直接传播，病毒主要存在于病猪和带毒猪的呼吸道分泌物中，被排泄物污染的环境，饲具、剩料、剩水、病猪、老鼠、蚊蝇、飞沫、空气、屠宰产品等都是此病的传播媒介。同时由于该病毒也可以传染人及家禽、鸟类等，所以与感染猪或者被污染的环境接触过的人或禽、鸟也可以传播该病。

（二）毒株进化

1．血清型变化

目前，猪流感病毒已遍布欧洲、美洲、非洲、亚洲等全球各地，不同地区分离出 H1N1、H1N2、H2N3、H3N1、H3N2、H1N7、H3N3、H3N6、H4N6、H5N1、H9N2 等多种血清型。其中，广泛流行于猪群中的主要有古典型猪 H1N1、类禽型 H1N1 和类人型 H3N2，而 H1N1 和 H3N2 亚型的检出率最高。我国猪群中当下主要流行的亚型有 H1N1、H3N2 和 H9N2 等亚型。

2．毒力变化

猪流感病毒从古典 H1N1 型在猪群间周期性暴发，即使感染人后也不会出现人传人现象到重组禽流感及人流感后感染人，并有限地出现人传人，近期研究人员发现了一种从 2009 年大流行病的 H1N1 流感毒株演变而来的高度适应感染人类的所有基本特征的可能引发大流行病的新型猪流感病毒。猪流感病毒的毒力在变异中传染性跨越种属间的传染性在逐步增强。

3．分子遗传进化

猪流感病毒从古典的 H1N1 型，经过不断地变异重组，整合人流感病毒、禽流感病毒遗传信息出现了类禽型 H1N1、H4N6 和类人型 H3N2 毒株以及

H1N2、H1N7、H3N6、H9N2 等不同血清亚型。

（三）临床症状

该病潜伏期从一般从几小时到几天不等，自然条件下平均潜伏期 4 天，人工感染潜伏期为 24~48h。猪群突然发病，发病率高（接近 100%），全群几乎同时感染。病猪体温突然升高至 40~41.5℃并伴随食欲减退，甚至废绝，精神萎靡，肌肉和关节疼痛，喜卧，不愿活动，爱扎堆，呼吸急促，腹式呼吸，犬坐姿势，猛烈咳嗽，夜里安静时还可听到病猪哼喘声，眼鼻流出黏液，眼结膜充血，粪便干硬。病程短，在没有并发症的情况下，多数病猪可于 6~7 天后康复。

暴发猪流感后见的继发细菌感染有：传染性胸膜肺炎、多杀性巴氏杆菌、副猪嗜血杆菌和 II 型猪链球菌；常见的继发病毒感染有：猪繁殖与呼吸障碍综合征（PRRSV）和猪呼吸道冠状病毒（PRCV）等。

个别猪感染后逐渐转为慢性病例，表现为持续咳嗽、消化不良、瘦弱，久治不愈，最终导致死亡。

（四）病理变化

没有并发症时猪流感的大体病理变化主要表现为尖叶和心叶型病毒性肺炎，严重时也可见大半肺病变。病变肺和正常组织之间分界明显，病变区域呈紫色并实质化，小叶间水肿明显。严重病例，可见纤维素性胸膜炎。鼻、喉、气管、支气管等呼吸道黏膜有出血或充满带血的纤维素性渗出物。支气管淋巴结和纵隔淋巴结肿大、充血、水肿，脾轻度肿大，胃肠有卡他性炎症。

有并发症时，病理变化常变得复杂，特别是细菌性并发症。

（五）主要损失

该病群体发病率高（接近 100%）但死亡率相对较低（4%~10%），发病猪主要表现为增重受阻，料肉比升高（单头养殖成本增加 50~80 元），生产性能明显下降，膘情越好的猪发病越严重，严重推迟育肥猪的上市时间；怀孕母猪感染时，可出现流产、产木乃伊、死胎，出生的仔猪发育不良，存活率低。在没有并发症出现的情况下，80%以上的猪可在一周后恢复正常。产生继发感染后，恢复变得困难，呼吸系统往往会受到严重损伤，机体抗病力降低，蓝耳、圆环、传胸、链球菌、伪狂犬等的动态平衡被打破，猪群中这些疾病更容易暴发，死亡明显增加。

二、实验室确诊技术

1. 免疫血清学

猪流感病毒免疫血清学实验室诊断技术主要包括：血凝试验（HA）与血凝抑制试验（HI）、琼脂扩散（AGP）试验、免疫荧光技术（IFA）、酶联免疫吸附试验（ELISA）、神经氨酸酶抑制试验（NIT）、病毒中和试验（VN）等。其中，血凝试验（HA）与血凝抑制试验（HI）、琼脂扩散（AGP）试验、免疫荧光技术（IFA）、酶联免疫吸附试验（ELISA）是常用的诊断方法。

2. 分子生物学

猪流感病毒分子生物学实验室诊断技术主要包括：核酸探针技术、RT-PCR方法、多重 PCR 方法、实时荧光定量 PCR、环介导等温扩增（Loop-mediated isothermal amplification，LAMP）方法。

RT-PCR 方法使简便、迅速、灵敏等优点在动物疾病诊断上得到了广泛的应用。

多重 PCR 是在单一 PCR 基础上发展起来的新技术，可同时扩增针对不同模板的多个靶序列，能节约时间和精力。

实时荧光定量 PCR 融汇了传统 PCR 技术灵敏、快速、特异的特点以及光谱技术的高敏感性和高精确定量的优点，具有特异性强、灵敏度高、重复性好、定量准确、速度快、全封闭反应等优点。

环介导等温扩增（loop-mediated isothermal amplification，LAMP）方法是日本学者发明的一项恒温核酸扩增技术，具有操作简便、快速、敏感、特异等特点，特别适合在现场和基层部门应用。

三、中兽医辨证施治

1. 辨证治则

《猪经大全》[①]称该病为"猪时行感冒"，多发于冬春季节，为疫毒之气经口鼻侵入，冬春气候寒冷，寒邪犯肺，阴雨、潮湿、邪乘贼风，运输拥挤，营养不良，或机体卫外不固，风寒束于肌表，腠理闭塞，卫阳被郁而现诸多症状。临床上有风寒、风热之别。

---

① 宋·太平惠民和剂局编，刘景源整理. 太平惠民和剂局方. 人民卫生出版社，2007.

1）风寒型

证见突然发病，全群感染，高热无汗，精神倦怠，食少，鼻寒耳冷，拱背低头，被毛逆立，恶寒发热，咳嗽不止，鼻流清涕，肌肉或关节僵直，行走拘谨或不愿走动，喜饮热水，小便清长，舌苔薄白，脉象浮紧。治宜辛温解表、宣肺散寒。

2）风热型

除有感冒的一般症状外，可见气粗喘粗，耳鼻俱热，食欲减少或废绝，口渴贪饮，粪便干结，小便短赤，鼻流浓涕，舌苔薄黄，脉象浮数。治宜辛凉解表、宣肺清热。

2. 防治措施

1）中兽药防治

①风寒感冒

a. 预防：用荆防败毒散 4kg 拌料 1000kg，连用 5 天。

b. 治疗：用荆防败毒散 8kg 拌料 1000kg，连用 5 天。

②风热感冒

早期用银翘散，中后期用麻杏石甘散。用量用法同风寒感冒。

2）处方药治疗

①柴胡 30g，紫苏 15g，葛根 30g，知母 15g，麦冬 15g，芦根 30g，水煎，候温拌料喂服或灌服。每天 2 次，1 天 1 剂，连服 2～3 剂，治疗风热感冒。

②金银花 25g，连翘 20g，黄芩 15g，柴胡 20g，牛蒡子 25g，陈皮 20g，甘草 15g，水煎，候温拌料喂服或灌服。每天 2 次，1 天 1 剂，连服 2～3 剂，治疗风热感冒。

③大青叶 25g，板蓝根 20g，金银花 30g，荆芥 25g，防风 25g，桂枝 20g。行走拘谨者加牛膝 20g，木瓜 20g，咳喘者加马兜铃 25g，麻黄 20g，杏仁 20g；高热者加黄芩 25g，黄连 20g；食欲不振者加神曲 30g，麦芽 20g，槟榔 20g；大便拉稀且发热者加白头翁 20g，黄柏 25g，秦皮 15g。煎水，拌料喂服或候温灌服，1 天 1 剂，连服 2 剂见效，继服 1～2 剂以巩固疗效。

④青蒿 25g，银柴胡 30g，桔梗 30g，黄芩 25g，连翘 25g，金银花 30g，板蓝根 25g。高热不退伴阵咳，且粪干硬者加生石膏、知母、紫草；行走拘谨疼痛者加桑叶、葛根、荆芥解肌退热；体虚者加党参、黄芪、何首乌、甘草。煎水，拌料喂服或候温灌服，1 天 1 剂，连服 3～4 剂。

3）民间验方

预防验方 1：用鲜鱼腥草或鲜马齿苋 150g/头，蒜汁加醋凉拌，每日 3 次饲喂。

预防验方2：荆防败毒散对猪流感有特效。

治疗验方：群体感染，可用中药拌料喂服。

中药方：荆芥、金银花、大青叶、柴胡、葛根、黄芩、木通、板蓝根、甘草、干姜各25～50g（每头计、体重50kg左右），把药晒干，粉碎成细面，拌入料中喂服，如无食欲，可煎汤喂服，一般1剂即愈，必要时第2天再服1剂。

四、综合防控

1. 免疫预防

1）疫苗

目前商品化疫苗主要以猪流感病毒H1N1、H3N2亚型为基础制成的单价或双价全病毒灭活疫苗。

2）免疫程序及评价

参考免疫程序：商品猪28日龄首免，4周后加强免疫一次；种公猪每年春秋季免疫一次；初产母猪配种后50～60日龄首免，4周后加强免疫一次，经产母猪妊娠80～90日龄免疫一次。或者参照商品苗厂家推荐的免疫程序进行免疫。

免疫效果评价：一免后28天采血评估抗体效价水平，免疫后个体HI抗体≥1∶160视为产生有效保护，群体阳性率HI抗体≥1∶160比例大于80%视为有效免疫。

2. 净化消除

由于猪是禽、猪、人流感病毒的共同易感宿主，而这些流感病毒广泛存在于自然界，净化消除难度大，目前不具备净化条件，但尝试使用检测加免疫淘汰的办法尝试净化。

1）净化群（个）体评价

针对猪流感病毒，在净化前采用HI（血凝抑制抗体）方法对猪场流感抗体（主要针对H1N1和H3N2）进行检测，检测结果判定标准：HI（血凝抑制抗体）效价≤1∶10为阴性，＞1∶10为阳性。

2）尝试净化策略

猪流感病毒净化总体思路：检测→淘汰→免疫→检测→淘汰。

①血清学调查：未免疫过疫苗的猪场按10%比例抽血用作抗体检测，了解群体感染情况及感染压力。

②确定净化步骤。根据野毒感染抗体阳性率，确定净化方案。若野毒感染率低于15%，可一次性淘汰阳性感染猪；若野毒感染率高于15%，则可实施分

步净化，先进行分群并进行群体免疫及中兽医保健，降低活病毒感染率，当活病毒感染率低于15%时则可一次性淘汰净化。

③可疑猪只要么重检要么直接淘汰。

④加强仔猪选种关。只有活病毒感染阴性的仔猪作种用。

⑤对引种严格把关，引进的种猪必须是从病毒阴性种猪场引进，要有《种畜禽生产合格证》和《检疫合格证明》，引进后在隔离舍饲养45天以上经检测合格后才可混群饲养。

⑥通过以灭活疫苗全面免疫及中兽医保健并配合检测淘汰的方法，首先将生产公猪群净化至全阴性，然后将生产母猪群中阳性猪逐步淘汰，更新的后备猪群严格进行血检，逐步形成良性循环的更新淘汰机制，最终全部净化为阴性猪群。同时，做好生物安全及生产管理，确保阴性猪群健康生产。

3. 综合措施

1）生物安全

猪场生物安全防控体系的建设是一个系统工程，应综合考虑场址的选择、场区规划布局、环境控制、人员及车辆进出、引种及饲养管理、保健免疫等多方面。猪场选址应符合公共卫生和生物安全距离要求，场区布局需将生产区、生活区严格隔离开，生产区布局合理有序便于出猪，有规范的人员进出通道、洗消程序及专门场所，有专门的引种隔离区域及严格的保健免疫管理措施，有标准的环境控制及洗消程序，有规范的人员管理措施。

2）生产管理

在进行生猪养殖生产时，应随时注意气候变化，保持猪舍干燥清洁，秋冬季注意防寒保暖，定期进行消毒和驱虫，防止可能的传染源与猪只接触，猪场禁止饲养猫、狗及其他家禽，严防鸟类、鼠类进入猪场。猪场严格实行批次化管理，尽量做到全进全出，定期对猪群流感病毒抗体进行检查评估。当饲养员患流感时为防出现传染，严禁进入猪场。

在猪流感危害严重的地区，应及时进行疫苗接种。建议仔猪进行两次免疫，首免一般建议在断奶时进行，二免间隔1个月。

对发病较重的猪只建议立即淘汰，病死猪深埋无害化处理，全场地面及器具用20g/L烧碱水彻底消毒，对患病的猪要及时隔离治疗。

第十二节

猪塞内卡病毒病

猪塞内卡病毒病是由塞内卡病毒（Seneca virus A，SVA，另称 Seneca Valley virus，SVV）引起的一种传染性疾病，塞内卡（SVA）是引起猪原发性水疱病（Porcine idiopathic vesicular disease，PIVD）的主要原因，可导致感染猪的鼻吻、蹄冠部出现水疱性病变，新生仔猪死亡，偶见腹泻等症状。近年来，猪塞内卡病陆续波及加拿大、美国、巴西、中国、泰国和哥伦比亚等国。

一、疫病概况

（一）流行病学

1. 流行病史

自 20 世纪 80 年代起，美国、英国、澳大利亚、新西兰、意大利、加拿大等国家的猪群经常发生由非口蹄疫病毒（Foot-and-mouth disease virus，FMDV）、（Swine vesicular disease virus，SVDV）、水疱性口炎病毒（vesicular stomatitis virus，VSV）和猪传染性水疱病病毒（Vesticular exanthemaof swine virus，VESV）等病毒引起的水疱病，临床症状与上述疾病相似但病因不明，被研究者称为 PIDV。直到 2007 加拿大和美国检疫人员发现 187 头加拿大出口美国的猪中有 80% 的猪出现 PIDV 症状，并从病猪中检测出 SVA 的 RNA，所以 可推测出 SVA 其实在 20 世纪后期就在世界大部分地区散在流行。2014 年底，SVA 感染在巴西大规模暴发，自 2015 年初，SVA 相关的水疱病暴发增多，且发现 SVA 感染与新生仔猪的死亡率升高有关，特别是在母猪发生过水疱病的猪场。中国、加拿大、泰国、哥伦比亚的猪场均受到 SVA 感染。

2. 易感动物

SVA 主要感染猪，各生长阶段的猪均易感；另外还能感染牛、老鼠、苍蝇等物种，但无直接证据证明这些物种是 SVA 的天然宿主。需要注意的是，有美国研究者对该国 60 份人血清样品进行 SVA 中和抗体检测，显示有 1 份样品为中和抗体阳性，效价达到 1∶8，表明 SVA 可能还是一个人兽共患病病原。

3．传播媒介

与大部分猪传染性疾病一样，携带病毒的感染猪是 SVA 最为主要的传染源，包括患病猪和无临床症状的病毒携带者。研究者发现患病猪的水疱液或损伤部分的病毒含量高达 $2×10^7$ 个/mL～$1.2×10^{11}$ 个/mL，说明这些部位是猪场中的主要传染源，而易感动物直接接触破裂的水疱或损伤部位是病毒传播中最为重要的途径。另外，根据体外实验显示，发病猪可通过口鼻腔分泌物、粪便和尿液排放病毒，一般持续 4 周左右，排放的峰值出现在接种病毒后的 1～5 天内。表明患病猪的分泌物、排泄物是猪场的另一个传播源，健康猪可通过直接或间接触感染病毒；但目前仍缺乏证据表明 SVA 可经过粪口途径进行传播。近年来，研究者在 SVA 阳性猪场的小鼠和苍蝇体内发现病毒 RNA，并成功分离出有生物活性的病毒；在猪场的水体、食物、走廊、围栏和接产、屠宰、处理尸体使用的工具或设备上都检测出病毒 RNA。说明猪场的小鼠、苍蝇、水源、食物、环境和设备都可能是 SVA 的传染源，健康猪可通过接触间接感染。此外，研究者对患病母猪分娩出的新生猪（1～5 天）进行 RT-PCR 和免疫组化检测，显示新生猪组织中含有 SVA 的核酸或抗原，提示 SVA 存在垂直传播的可能。

（二）毒株进化

1．血清型变化

到目前为止，世界各地分离的 SVA 毒株均属同一个血清型。对 SVA 每个外表面的衣壳蛋白（VP1、VP2 及 VP3）介导 SVA 特异性 IgM 和 IgG 抗体产生的能力进行评估，发现 IgM 及 IgG 抗体产生主要由 VP2 和 VP3 介导，且 VP2 和 VP3 介导的 IgM 抗体水平与 VN 抗体滴度呈高度正相关，这说明 VP2 和 VP3 可能含有 SVA 的主要中和表位。血清学调查显示 2014 年～2016 年间巴西 SVA 抗体阳性率为 36.4%。2016 年～2019 年中国华东地区江苏、山东、浙江、安徽和山西 5 个省市规模化猪场临床血清进行了回顾性血清抗体检测，各省份 SVA 抗体阳性率达 70.8%以上。

2．毒力变化

SVA 原型毒株对人和动物没有致病性，也无证据表明其与任何有害的疾病有关系，但是加拿大和美国的研究人员分别在 2008 年和 2012 年报道 A 型塞内卡病毒相关的猪水疱病病例，这证实了 SVA 独立增强且与猪水疱病有关。自

2014 年底以来，SVA 在美国、巴西等国家猪群暴发，给养猪业造成较大损失，同时在北美以外地区也发现 SVA 所致的猪水疱病。SVA 是新发的猪病毒性疾病，其所致的临床症状与其他致水疱病相关病原。

3. 分子遗传进化

2015 年至 2017 年，流行的 SVA 毒株与原型毒株 SVV-001 的核苷酸一致性在 93.8%～99.9%之间。Raquel 等对 SVA 毒株进行进化树分析，将其分为三个进化群，即群Ⅰ包括 SVV-001 在内的 SVA 原型毒株，群Ⅱ为 1988 年至 1997 年美国流行的 SVA 毒株，群Ⅲ为 2007 年至 2016 年在我国、巴西、加拿大、泰国及美国流行的 SVA 毒株。我国学者按照流行区域和时间进一步将 SVA 分为 6 个进化群，分别为中国分离株群（China/ SVA）、泰国分离株群（Thailand/ SVA）、加拿大分离株群（Canada/SVA）、美国分离株群（USA/SVA）、SVV-001 株群以及 CH-FJZZ-2017 株群。CH-FJZZ-2017 毒株是 2017 年在我国福建地区分离的毒株，该毒株与美国 GB129/2015 毒株核苷酸一致性高达 98.5%，与我国 2016 年流行毒株存在着一定差别。该毒株是在母猪和育肥猪体内分离得到的，发病猪仅表现水疱症状，而之前的毒株可引起仔猪的高死亡率。因此，CHA-FJZZ-2017 毒株在进化上与我国其他 SVA 毒株存在着一定遗传差距。目前，关于 SVA 分子流行病学资料较少，无法准确地阐述 SVA 抗原变异、遗传衍化、疫源追踪、传播路径、生态分布及流行规律等信息。

（三）临床症状

SVA 引起的临床症状与 FMD、SVD、VS、VES 等病的临床症状相似，都是以急性发热反应、口足内或四周出现水疱损伤为特征，且无法根据临床表现和上述疾病进行区分。发病之初，患病猪会表现出厌食、发热、跛行、嗜睡；然后嘴唇、鼻子、舌头、蹄冠、趾间区域、悬蹄、蹄垫等部位皮肤或黏膜开始出现白色肿胀或红斑；随后发展为水疱，迅速破裂形成溃疡，部分溃疡面还会有浆液性纤维蛋白渗出；继而发生继发性溃疡和破溃现象，严重时蹄冠部的溃疡可以蔓延至蹄底部造成蹄壳松动甚至脱落。新生猪除了上述症状外，还可能存在持续 1～5 天的腹泻、脱水等症状，1～4 日龄的新生猪甚至会突然死亡。部分猪场会出现产仔数下降和返情率上升的情况。如图 1-11 所示。

不同生长阶段的猪群中 SVA 的发病率和死亡率存在不同；猪群首次感染的发病率范围为 4%～70%，其中保育猪为 0.5%～5%，育肥猪为 5%～30%，母猪为 70%～90%，不过这些阶段猪群的死亡率比较低，大概只有 0.2%左右，但是

SVA 感染新生猪群的发病率为 70% 左右，但病死率则在 15%～30% 之间变化。

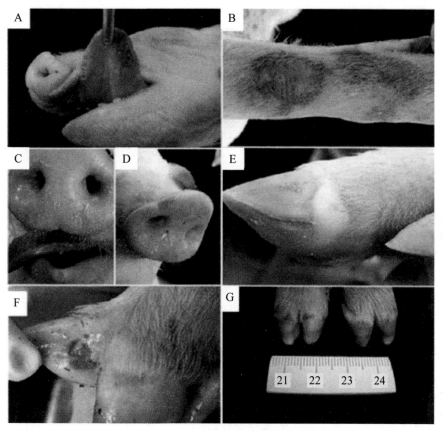

图 1-11　SVA 感染猪的临床症状

A. 多灶性白舌炎；B. 皮肤磨损；C. 下唇水疱；D. 鼻镜水疱；

E. 冠状动脉带充满液体水疱；F. 趾间水疱破溃、溃疡；G. 冠状动脉带水疱破溃溃疡[注]

（四）病理变化

对自然感染 SVA 发病母猪、仔猪的组织病理学检查发现，感染母猪大脑组织出现"卫星"和"嗜神经"现象，肺气肿，心脏出血、充血，诱发浆液性纤维素性腹膜炎和心包炎，肝脏出现局灶性坏死，肾脏出现局灶性淋巴细胞、单核细胞浸润，还可以局部广泛性出血性空肠炎和局灶性胃溃疡，小肠黏膜坏死、

[注] 图片摘自：刘存，刘畅，刘琪，等. A 型塞内卡病毒病原学、流行病学和诊断研究进展[J]. 猪业科学，2018，35（01）：104-108.

脱落，显微观察可见病猪四肢末端皮肤损伤部位发生表皮角化和角化不全的角化过度症、表皮增生，以及由中性粒细胞混合纤维蛋白等形成的局部溃疡。如图 1-12 所示。

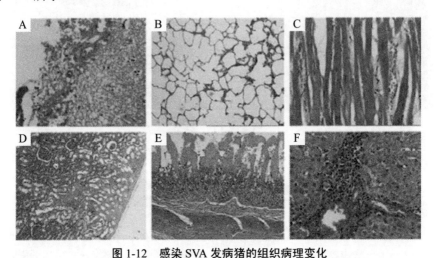

图 1-12　感染 SVA 发病猪的组织病理变化

A. 大脑：卫星现象和噬神经 200×；B. 肺：肺气肿 40×；

C. 心脏：出血和淤血 200×；D. 肾：局灶性淋巴细胞、单核细胞浸润 40×；

E. 肠：黏膜坏死、淋巴细胞、单核细胞和浆细胞浸润 40×；F. 肝脏：局灶性肝细胞坏死 400×[注]

（五）主要损失

SVA 表现出自限性疾病的特征，大部分患病猪可在发病后 10 天～12 天内痊愈或出现好转。但是 SVA 对新生猪猪群的危害则明显重于其他阶段猪群，尤其是 1～4 日龄的新生猪，SVA 感染新生猪群的发病率为 70% 左右，但病死率则在 15%～30% 之间变化，巴西暴发疫情时病死率甚至达到 30%～70%，明显高于其他年龄段猪群；此外，临床表现和高病死率可持续 2 周～3 周，同样长于其他阶段的猪。新生猪群的大规模死亡给养殖业带来巨大的经济损失。

二、实验室确诊技术

1. 免疫血清学

ELISA 是血清学检测方法中最主要、应用最广的检测方法，非常适合大量

[注] 图片摘自：刘存，刘畅，刘琪，等. A 型塞内卡病毒病原学、流行病学和诊断研究进展[J]. 猪业科学，2018，35（01）：104-108.

血清样品的检测，具有成本低、操作简单、灵敏度高等优势，是猪场疫情监控和大范围筛查最常使用的检测方法。目前，SVA 的 ELISA 检测方法主要以间接 ELISA 为主，研究者以灭活全病毒或重组衣壳蛋白（VP1、VP2、VP3）为抗原进行包被，检测血清中对应的抗体。数据表明以 VP2 构建的间接 ELISA 方法效果比其他抗原好，而抗 VP2 特异性 IgG 抗体是宿主免疫应答中持续时间最长的抗体，所以 VP2 蛋白作为检测抗原具有非常广的应用前景。

2．分子生物学

荧光定量 PCR 方法与普通 RT-PCR 相比更省时、灵敏、特异，能够实现快速、准确、实时和定量检测 SVA 的目的，是目前最受欢迎、使用最多的诊断方法。但荧光定量 PCR 方法只能扩增小片段，无法进行病毒株基因的序列检测，所以大部分以序列分析为目的的实验是使用普通的 RT-PCR 方法对病毒进行检测。目前，大部分 PCR 都以 VP1 或 3D 蛋白的基因序列为靶基因，主要是因为这两个序列相对保守并且长度较长，易于设计引物和探针。不过也有研究者以 5′-UTR 为荧光定量 PCR 的靶基因；另外，因为 Wu Q 第一次在中国检测出 SVA 使用的是以 VP2 为靶基因的 RT-PCR 方法，所以目前中国研究者都是使用该方法对中国分离株进行检测。

分子杂交技术中 RNA 原位杂交技术已经应用于 SVA 的快速检测当中。RNA 原位杂交是利用杂交探针识别、靶向经固定、包埋和制片的组织样品中的 SVA 特异性序列，通过杂交信号判定 SVA 的有无。

三、中兽医辨证施治

1．辨证治则

可参见本章第四节口蹄疫。

2．防控措施

患处用酒精加醋精各半喷洒消毒，然后用熟石灰粉、锅底灰过半，细盐少许撒患处，很快干痂皮脱落。

四、综合防控

1．免疫预防

1）疫苗
目前并无 SVA 商品疫苗，但已有研究发现候选疫苗。

①活疫苗

SVA 在体内能诱导体液及细胞免疫反应。2019 年夏尔马（Sharma）等通过反向遗传技术拯救了一株重组 SVA，并在猪体内评估了重组病毒的免疫原性及免疫保护性。结果显示，重组病毒是一株弱毒株，动物经接种后未出现明显临床症状，病毒血症及排毒现象都相对较弱。虽然毒力弱，但重组病毒依然维持着较理想的免疫原性。4 周龄仔猪经单次肌内注射及滴鼻免疫后，可在免疫后3～7 天内产生较高滴度的中和抗体。除了诱导体液免疫反应，重组活病毒还可诱导记忆性 T 细胞（CD4+、CD8+ 及 CD4+/CD8+ T 细胞）的增殖反应。而且，仔猪经免疫后可以耐受异源 SVA 的人工感染，攻毒后并未表现出明显临床症状，且病毒血症、排毒量及组织病毒载量都有所降低，说明该重组 SVA 是一株有效的活疫苗候选株。

②灭活苗

虽然活疫苗可以诱导理想的体液及细胞免疫反应，但具有潜在的生物安全风险，如毒力返强。而灭活苗不具有潜在的生物安全风险，因此是另一种理想的候选疫苗。2018 年 Yang 等通过二乙烯亚胺将 SVA 灭活后，与油佐剂混合乳化制备了灭活疫苗。动物免疫试验显示，该灭活苗可诱导理想的中和抗体反应，且攻毒后动物未表现出明显临床症状，说明该油佐剂灭活苗是有效的 SVA 候选疫苗。

2）免疫程序及评价

目前 SVA 的疫苗还处于研发阶段，并无商品疫苗可用，因此还没有统一的免疫程序及评价。

2. 净化消除

1）净化群（个）体评价

对猪场猪群进行抽检，尤其是新生仔猪和母猪，SVA 病原学检测阴性，群体连续两年以上无 SVA 疫情，现场综合审查通过。则视为达到无疫标准。

2）净化策略

目前，并没有商品疫苗以及特效药物用于 SVA 的防控和治疗，因此 SVA 的净化主要通过疫病监测、猪种净化、严格落实生物安全措施三个方面来净化猪群。

疫病监测：强化动物疫病监测，严格处置阳性动物。每年猪场开展 2 次 SVA 监测，结果为阳性的，按照规定时限、渠道上报。严格按照动物疫病防治技术规范要求处理，同时开展流行病学调查、控制、消除疫病扩散风险。

猪种净化：坚持自繁自养，尽可能采用全进全出模式。

严格落实生物安全措施：建立完善消毒制度，做好入场人员、车辆、栏舍、环境、物品的消毒，做好粪污及病死动物的无害化处理，有效消灭传染源，切断传播途径。

3．综合措施

1）生物安全

养猪场应采取严格的生物安全措施防止塞内卡病毒和其他传染因子传入，必须严格控制车辆、设备、人员、动物和食品进入养猪场的生产区。养猪场周围的车辆流通区域应远离猪舍。更可取的做法是养猪场应该使用同一辆车运送猪，并且该车不应与来自塞内卡病毒阳性猪群的车辆、人员或猪接触。

养猪场还要对人员流动采取严格的生物安全措施。场内员工进出猪场前都应淋浴，在进入猪场时要更换工作服和工作鞋，接触其他猪后需停工观察一段时间。在需要更新猪群时，养猪场应该从不存在会影响猪群健康的传染源的养猪场购买猪种，并且在引入自己的养猪场前要对需要引进的猪群进行隔离检疫。其他预防措施包括控制养猪场中的老鼠和家蝇，限制非猪类家畜进入养猪场。

应该通过定期诊断检查养猪场不同区域中有症状猪和无症状猪的生物学样本来完成监测塞内卡病毒的流行情况，当猪群塞内卡病毒检测呈阳性时，养猪场除了要采取上述措施外，还必须对设备设施进行严格的清洁和消毒，并将它们放在消毒的猪圈中停用一段时间。另外，养猪场必须采取全进全出制的生产模式。

2）生产管理

坚持自繁自养，尽可能地采用全进全出模式，加强饲养管理，提高猪群抗病力：新生仔猪，尤其是1～4日龄新生猪，应摄入充足数量的优质初乳，并生活在一个能为新生仔猪和母猪提供舒适条件和福利的合适环境中。

搞好环境卫生：合理绿化，改善舍外自然环境，以起到防暑降温、净化空气、减少尘埃和减少噪音的效果，定期清除杂草和填埋阴沟，消灭病原微生物的孳生地；设法改善保温、通风、降温条件，为猪只提供适宜的生长温度和湿度；猪舍、场地及用具等应保持清洁、干燥，每天清除圈舍、场地的粪便和污物，将粪便堆积发酵。

做好消毒工作：本场饲养人员进入生产区时必须更换工作衣和工作鞋，通过紫外线消毒后，再经过消毒池才能入内；本场兽医不得到场外就诊和防疫；场内外工具和车辆要严格分开并定期消毒，而外来工具和车辆一般不予进入。大门必须设有消毒池，水箱要定期清洗消毒，以防止大肠杆菌超标；猪舍内消毒必须用两种以上的消毒药交替使用；喷药时喷雾器的喷头应朝上，使消毒药形成雾化粒滴后均匀下落。

第二章

猪细菌性重大疫病的中西医防控

第一节

猪大肠杆菌病

猪大肠杆菌病是由肠型大肠杆菌引起的仔猪一组肠道传染性疾病，是造成全世界范围内哺乳仔猪和断奶仔猪死亡的重要原因。肠型大肠杆菌病的 2 个主要病原是：肠毒性大肠杆菌（Enterotoxigenic E.coli，ETEC）和肠道致病性大肠杆菌（Enteropathogenic E.coli，EPEC），ETEC 是猪大肠杆菌病种最重要的病变型。

猪大肠杆菌病主要包括仔猪黄痢（出生 1 周龄）、仔猪白痢（出生 2～4 周龄）和仔猪水肿病（断奶 1～2 周龄），临床上常表现出下痢、败血症、肠炎、肠毒血症等典型特征。

一、疫病概况

（一）流行病学

1. 流行病史

大肠杆菌病是由大肠埃希氏菌引起的细菌性的人畜共患病，是埃舍里希（Escherich）在 1885 年发现的，在相当一段时间内，一直被当作正常的肠道菌群，认为是非致病菌。直到 20 世纪中叶，才认识到一些特殊血清型的大肠杆菌对人和动物有致病性，尤其对婴儿和幼畜（禽），常引起严重腹泻和败血症。

本病流行无季节性，全年发生，冬天天气寒冷或夏秋季高温潮湿时都可发生。温湿度骤变带来的应激以及猪舍饲养卫生管理等因素，均能引起该病的发生和流行。本病全世界流行，是养猪场常发的传染病之一，也是引起仔猪死亡的重要原因之一。

2. 易感动物

大肠杆菌病是一类重要的人畜共患病，人、猪、牛、羊、兔、鸡、鸭、鹅均可感染，初生幼畜禽较为易感。

3．传播媒介

病猪和带菌猪是该病的主要传染源，可以通过粪便排出病菌，而广泛污染地面、饲料、饮水、用具等。仔猪易因饮食、舔舐等经消化道途径受到感染。该病还可以通过母婴传播，由母猪传播给仔猪，可出现地区性的流行趋势。

（二）抗原、血清型及毒力因子

1．抗原及血清型变化

大肠杆菌按照抗原构造的不同可分为三类：菌体抗原（O），鞭毛抗原（H）和表面抗原（K）。大肠杆菌不同的抗原类型相互组合可形成很多血清型，造成不同的致病力，其中O8、O9、O20、O45、O60、O64、O101、O138、O139、O141、O147、O149、O157等多见于猪。而根据大肠杆菌的致病特征又可分为非致病性大肠杆菌、肠致病性大肠杆菌（Enteropathogenic Escherichia coli，EPEC）、肠侵袭性大肠杆菌（Enteroinvasive Escherichia coli，EIEC）、肠出血性大肠杆菌（Enterohemorrhagic Escherichia coli，EHEC）、产肠毒素大肠杆菌（Enterotoxigenic Escherichia coli，ETEC）尿道致病性大肠杆菌（Uropathogenic Escherichia coli，UPEC）等。在我国，猪大肠杆菌病主要由ETEC感染为主，一般猪源ETEC往往带有K88、K99、987P或F41黏附素。根据我国多年来的流行病学调查，不同地区的优势血清型往往有区别，即使在同一地区，不同疫场（群）的优势血清型也不相同。

2．体内分布、致病性及毒力因子

在ETEC与宿主细胞相互作用方面研究最为透彻的PAMPs是粘附素和肠毒素。粘附素是一类在细菌细胞膜表面约0.5～3μm的丝状蛋白质，一般由100多个相同的结构亚单位和不同的辅助蛋白构成，粘附素因其形态与菌毛相似，又称为菌毛抗原。目前猪大肠杆菌中已发现K88、K99、F41、987P、F42及F107六种粘附素类型。

造成新生仔猪腹泻的ETEC携带F4菌毛（K88）、F5菌毛（K99）、F6菌毛（987P）或F41菌毛。菌毛能够帮助细菌黏附到小肠刷状缘上皮细胞的特异性受体上。拥有菌毛抗原F4（K88）的ETEC在整个结肠和回肠中定植，而拥有菌毛抗原F5、F6和F41的ETEC大部分定植在结肠和回肠的后段。

感染断奶后仔猪的ETEC菌株大多具有菌毛F4和F18，极少有例外。基于抗原的差异，F4和F18这两种菌毛有多种变种亚型。

ETEC 定植后便迅速增殖并释放肠毒素。ETEC 肠毒素分为两种类型，热稳定性肠毒素（heat-stable enterotoxin，ST）和热敏肠毒素（heat-labile enterotoxin，LT）。ST 会结合刷状缘肠绒毛和隐窝肠上皮细胞上的鸟苷酸环氧化酶 C 糖蛋白受体，促进环鸟苷酸的产生，造成电解质和体液的分泌。电解质和体液的大量分泌会造成仔猪脱水和最终死亡。LT 能够持续激活细胞基底外壁的腺苷酸环化酶，导致电解质和水过度分泌，造成动物脱水。

3. 抵抗力及药物敏感性

该菌对热的抵抗力较其他肠道杆菌强，55℃经 60 分钟或 60℃加热 15 分钟仍有部分细菌存活。在自然界的水中可存活数周至数月，在温度较低的粪便中存活更久。

目前，大肠杆菌抗生素耐药性问题已经十分严重，抗生素治疗效果已不明显。有研究表明，猪大肠杆菌对美罗培南和头孢他啶有耐药的菌株占 83.3%和 66.7%；对四环素、氟苯尼考、氨苄西林、大观霉素、氧氟沙星、磺胺异恶唑和复方新诺明等抗生素耐药的菌株达到 63%以上；对青霉素、阿莫西林、多西环素和利福平等抗生素的抗药性达 60.7%以上；几乎所有菌株对氟苯尼考、四环素和多西环素高度耐药，多重耐药菌株均对五种以上抗生素类药物具有耐药性。

（三）临床症状

仔猪黄痢：又叫早发性大肠杆菌病，出生 1 周龄内的哺乳仔猪易感，常见于 1～3 日龄的仔猪，仔猪出生后几小时到 3 天内发病，传染快，扩散迅速。仔猪初生时健康，但突然出现腹泻，且在同窝猪中快速传播。发病仔猪粪便呈黄色或褐色，水样或糊状。在仔猪粪便中经常可以看到未消化的凝乳块。病猪脱水严重、肌肉松弛、目光呆滞、反应迟钝、皮肤发绀、粗糙起皱，体重急剧下降，严重时出现呕吐，最后昏迷致死。急性病例，未见明显症状死亡。本病发病率几乎 100%，死亡率高达 80%以上。

仔猪白痢：该病又称迟发性大肠杆菌病，主要是在仔猪哺乳期间发生的消化道传染性疾病。10～30 日龄未断乳的仔猪容易发病，特别是 10～20 日龄的仔猪发病最为严重，而在 30 日龄以上的仔猪很少发病。本病发病率高，死亡率低。临床表征为突发性腹泻，粪便呈白色、灰白色或者黄白色并带腥臭味。患病仔猪表现为消瘦、发育迟缓，被毛粗乱、病程持续时间较长，自愈后仔猪生长缓慢变为僵猪。

猪水肿病：由溶血性大肠杆菌引起的断奶仔猪的一种急性、散发性、致死性肠毒血症疾病，又称猪胃肠水肿、大肠杆菌毒血症，春秋季多见。主要发生于断奶仔猪，断奶后至 70 日龄易发，仔猪断奶后的 1~2 周内，该病发生率最高。此病一般局限在个别猪群发病，不广泛传播。营养良好、体格健壮、生长速度快的仔猪更易发病。发病率在 10%~50%，死亡率 90% 以上。急性病例以突然出现神经症状为主，如共济失调、转圈或后腿，抽搐、四肢麻痹、呼吸急促、闭目、张口呼吸最后死亡。有些病猪表现体温正常，食欲减退或废绝，病猪下头部、颈部、眼睑或结膜等处出现明显的水肿。病猪在出现共济失调并伴有不同程度的痴呆后很快死亡。

（四）病理变化

仔猪黄痢：病猪剖解常见肠炎、败血症病变。十二指肠段急性卡他性炎症，胃体积增大，内容物含有未消化的凝乳块，颌下、腹股沟及肠系膜淋巴结肿大、充血或出血，剖面流黄色夹带气泡的液体。心、肝、肾表面有小出血点，肝肾有坏死性脾脏淤血。

仔猪白痢：病猪剖解以胃肠卡他性炎症为主，可见胃体积增大，内含凝乳块，肠内容物为黄白色酸臭液体。肠壁变薄且出血充血，肠黏膜潮红，肠系膜淋巴结肿大出血。仔猪肝脏肿大，胆囊充盈，肾脏呈现苍白色。

仔猪水肿病：剖解病猪可见胃壁大弯部和贲门部、胃黏膜和黏膜肌层、肠系膜胶冻样水肿。喉头和器官、肺部淤血水肿。心包腔、胸膜腔有大量积水，肾淤血水肿。全身淋巴结水肿，其中颌下淋巴结肿胀最为明显，肠系膜淋巴结充血、出血或水肿。

二、实验室确诊技术

1. 细菌分离鉴定

无菌采集病死猪实质脏器及肠道内容物。划线接种于 LB 琼脂平板上，37℃ 培养 18~24h，次日观察生长情况。从培养基上挑取形态大小不一的单菌落，接种于 LB 液体培养基中，培养 18h 后获得分离菌的纯培养物。大肠杆菌在营养琼脂平板上形成的菌落边缘整齐、表面光滑、湿润、底面微隆、中等大小、无色半透明、露珠状菌落。

将纯培养物接种于 SS 培养基、麦康凯培养基、伊红美蓝培养基、三糖铁斜面培养基和血琼脂培养基上，37℃ 培养 18~24h，观察菌落形态特征。大肠杆菌分离株在麦康凯培养基上，呈玫瑰红色、表面光滑湿润略凸起、边缘整齐的圆形大菌落；在伊红美蓝培养基上呈紫红色、隆起、表面湿润带蓝绿色金属光泽的菌落；在 SS 培养基上呈粉红色、表面光滑略凸起、边缘整齐的圆形小菌落；在三糖铁斜面培养基上，斜面和底部均变黄，底部产气；在血琼脂培养基上，呈黄色、中等大小的菌落，且周围未发生溶血。

经革兰氏染色，大肠杆菌为两段钝圆、无芽孢革兰氏阴性杆菌，多单在或成双而不形成长链，多数有鞭毛，能运动。

生化鉴别见表 2-1 所列，如果出现表 2-1 以外的生化反应类型，表明培养物可能不纯，应重新划线分离，必要时做重复试验。

表 2-1　大肠杆菌鉴别结果

靛基质	MR	VP	西蒙氏柠檬酸盐	鉴定结果（型别）
+	+	-	-	典型大肠埃希氏杆菌
-	+	-	-	非典型大肠埃希氏杆菌
+	+	-	+	典型柠檬酸盐杆菌
-	+	-	+	非典型柠檬酸杆菌
-	-	+	+	典型产气杆菌
+	-	+	+	非典型产气杆菌

2．血清学检验

O 抗原的鉴定和 K 抗原的鉴定，通过制备 O 凝集抗原和 K 凝集抗原，然后用玻板凝集试验进行血清鉴定。具体操作方法可根据《仔猪黄白痢的防治技术规程》操作。

3．分子生物学

PCR 鉴定是临床最常用、最准确的诊断方法。可根据《致仔猪黄痢大肠杆菌分离鉴定技术》NY/T2839-2015 进行菌毛型 PCR 鉴定。也可购买专业厂家生产的大肠杆菌病原诊断试剂盒。

三、中兽医辨证施治

1．仔猪黄痢辨证治则

仔猪为稚阴稚阳之体，形气不足，卫外不固，多雨潮湿，冷热不和，场圈污秽，乳汁不化，脾胃失常，疫毒内侵，湿热交蒸，胶着难解，以致清浊不分，水湿下注而成痢。

治宜健脾燥湿、清热止痢。

1）中兽药防治

①母猪：临产前 20 天用黄连解毒散+茵陈蒿散+平胃散混合，每头母猪每天 40～50g，拌饲料连喂 7～10 天预防。

②乳猪：黄连解毒散、乌梅散、平胃散各 5g，用开水冲泡，调成药汤，灌服乳猪，每头每次灌服 2～3mL，每天 3 次，连用 3 天。

2）处方药防治

黄连 30g，黄柏 30g，黄芩 30g，白头翁 30g，诃子肉 30g，乌梅肉 30g，山楂肉 15g，山药 15g。共为末，分 9 小包，每次 1 包，用开水冲调，候温灌服，每天 3 次，连服 3 天。

2．仔猪白痢辨证治则

1）中兽药防治　同前仔猪黄痢防治。

2）处方药防治

①冬春季节多为寒痢　应以温中健脾、涩肠止泻为治则。

a．炮姜、炒白术、炒山药各 15g，焦山楂、焦神曲、煨柯子各 25g，茯苓、泽泻各 15g，大枣 3 枚，烘干，共为细末，分 2 次拌料饲喂母猪，每天 1 剂，连服 3 剂。也可用开水冲泡成药汤灌服仔猪，每头每次 3～5mL，每天 2 次，连用 2 天。

b．炒白扁豆、炒赤小豆、炒绿豆、炒白术、炒薏苡仁、藿香、焦山楂、茯苓、车前子、红糖各 100g，研细末混匀。每头仔猪每次 2～3g，开水调匀，候温灌服，早晚各 1 次，连服 2～3 天。还可在仔猪健康时按每头仔猪每天 2g 剂量拌在可口饲料中上午 1 次喂服，连用 3 天，可起到预防效果。

c．藿香 20g，陈皮 20g，木香 20g，柯子 20g，白头翁 25g，连翘 25g，苦参 25g，煨葛根 25g，木通 15g，当归 15g，焦山楂 60g，滑石 60g，雄黄 10g，甘草 12g。煎水，拌料饲喂母猪和仔猪，如仔猪不能正常采食，则每头仔猪灌服药液 5～10mL。每天 1 剂，连服 3 剂。本方为综合性方剂，适用于寒热相杂，临床上难以甄别的仔猪白痢治疗。

②夏秋季节多为热痢　应以清热解毒、燥湿止痢为治则。

a．白头翁 15g，龙胆草 12g，黄连 9g，共为末，调和米汤灌服，每天 2 次，每天 1 剂，连服 3 天。

b．乌梅 20g，煨柯子肉 15g，姜黄 15g，黄连 15g，柿饼 2 个，煎水，每天 3 次，1 天 1 剂，连服 2～3 剂。

c．杨树花 250g 煎水让母猪饮服，或将杨树花煎液（每毫升含 1g），每头小猪灌服 3～5mL，连续 2～3 次。

3．仔猪水肿病辨证治则

该病多为断奶方法不当，饲料蛋白质偏高或过于单纯，维生素、矿物质和微量元素缺乏，仔猪贪吃过饱膘肥热壅；或猪舍卫生不良，仔猪缺乏运动，体质衰弱，脾气亏虚，三焦失调，水湿外泄受阻，水湿泛溢于肌肤而成水肿，致使经络紊乱麻痹而发病。

1）预防

①马齿苋 80g，松针叶 10g，侧柏叶 10g，苍术 12g，石决明 6g，共为细末，每头仔猪每天 5～10g，分早、晚两次拌在可口饲料中喂服，断奶前连喂 5 天，断奶后再喂 5 天。

②五苓散（出自《伤寒论》）加味：猪苓 25g，泽泻 35g，白术 30g，茯苓 25g，桂枝 20g，苍术 25g，陈皮 25g，香附子 20g，木香 15g，白豆蔻 12g，焦山楂 30g，焦神曲 30g。共为细末，每头仔猪每天 5～10g，分两次拌在可口饲料中喂服，连续 5 天。将以上药物煎成汤剂灌服仔猪，可起治疗作用。

2）治疗

①苍术 30g，白术 25g，酒炒白芍 25g，茯苓 20g，枳壳 15g，肉桂 10g，桂枝 15g，麻黄 10g，广木香 15g，陈皮 25g，甘草 15g。煎水灌服，每天 1 剂，连服 3 剂。此为 1 窝 10～15 头仔猪的药量。另结合使用通关散（皂角 3g，雄黄 1g，细辛 1g，薄荷 1g，共研极细粉末）吹鼻，使仔猪喷嚏通关。

②芒硝 50g，大青叶 25g，大黄 25g，牵牛子 20g，茵陈 25g，栀子 20g，龙胆草 15g，茯苓 25g，郁金 15g，陈皮 20g，川厚朴 20g，车前子 15g，芦荟 15g，瓜蒂 15g。共研细末，开水 3000mL 冲调，加红糖 250g 为引（此方药量为 10-12 头 10kg 仔猪的剂量），一次灌服或拌可口料喂服，每天 1 次，连用 3 天。

4．防治措施

民间验方 1：

标准用法：狗骨头烧炭研末，每次每猪喂 3～6g（以 10kg 仔猪计），一日一次。

增效用法：笔者在实践中将该验方改进，可以达到治愈速度快，成活率显著提高的效果。狗骨头一般较难寻找，可用猪大骨代替（比如猪的股骨、胫骨、肱骨等），煅烧透心后，研末，过 80 目筛子，筛下细粉干燥保存用于产房乳猪和断奶仔猪，筛上粗粉干燥保存用于中大猪。用法：乳仔猪，第 1 天灌服 0.1% 高锰酸钾溶液；第 2 天用 5% 葡萄糖调制上述骨粉呈稀糊状灌服；第 3 天将益生菌加入 5%葡萄糖灌服。中大猪：直接将粗骨粉拌料。该方法适用于多种腹泻疾病。

用法解析：第 1 天灌服高锰酸钾清理肠道，快速降低有害菌数量（有益菌也降低），同时有收敛作用，第 2 天灌服骨粉，吸附肠道中的有害产物，葡萄糖补充体能，第 3 天服用葡萄糖和益生菌，快速培植有益菌群，同时进一步恢复体能。用药同时勤加消毒，保持干燥，防止反复感染。

民间验方 2：

大蒜 500g，甘草 120g，切碎后加入 50 度白酒 500mL，泡 3 日，再加百草霜（锅底灰）适量，调和均匀后，分 40 剂，每猪每天灌服 1 剂，连喂 2 天即可收效。

用法解析：大蒜、白酒抗菌，百草霜起收敛作用，标本兼治。

四、综合防控

1. 免疫预防

1）疫苗

防治猪大肠杆菌病感染的最主要手段为疫苗免疫。已报道的猪大肠杆菌病疫苗可分为以下几种：单价或多价灭活疫苗、菌毛抗原疫苗、类毒素疫苗，基因工程疫苗。目前国内已经商品化的疫苗有：仔猪水肿病多价油乳剂灭活疫苗、仔猪大肠杆菌灭活苗、仔猪大肠杆菌腹泻 K88、K99、987P 三价灭活苗、仔猪大肠杆菌病 K88-K99 双价基因工程活疫苗、仔猪大肠杆菌病 K88-K99 双价基因工程灭活疫苗、大肠杆菌 K88ac-LTB 双价基因工程菌苗，新生猪腹泻大肠杆菌 K88、K99 双价基因工程菌苗、MM-3 工程菌苗（含 K88ac 及无毒肠毒素 LT 两种保护性抗原成分）。

2）免疫程序及评价

使用仔猪大肠杆菌三价灭活疫苗接种妊娠后期母猪，新生仔猪通过初乳获得预防大肠杆菌引起的新生仔猪腹泻的母源抗体。用法：肌肉注射，妊娠后期母猪在产前 40 天和 15 天各注射一次，每次 2mL。

可对 20～60 日龄仔猪注射猪水肿病多价灭活疫苗，半月后补免。

疫苗说明书另有要求的，按照说明书执行。

2. 净化消除

疫苗净化：通过病原监测，对猪场流行毒株进行分离鉴定，确定猪场流行毒株。制订相应的免疫计划，接种疫苗是预防大肠杆菌病的关键。适时淘汰病猪，加强饲养管理。

药物净化：母猪产前 4 天开始在饲料中拌预防剂量的抗生素，全部新出生的仔猪服用抗生素，连用 3 天，可有效预防仔猪黄白痢，在断奶仔猪的饲料中添加抗生素对预防仔猪水肿病有一定效果。大肠杆菌易产生抗药性，最好先对分离出的大肠杆菌做药敏试验，选用敏感药物交替使用治疗，常用的药物有金霉素、氯霉素、磺胺甲基嘧啶等。

3．综合措施

1）饲养管理。强化大肠杆菌的控制工作，应从基础的环境管理工作着手，严格实行"全进全出"的饲养方式，每批猪出栏后，圈舍应空置 14 天以上，并进行彻底清洗消毒。控制舍内的温度、湿度、气流、光照、饲养密度等，保持猪群干净卫生，及时清理粪便，避免粪口传播感染病菌。制定科学的防疫管理制度。不在疫区引种。

2）消毒。每周要进行两次消毒工作。可使用戊二醛、甲醛类、碘制剂、复合酚等消毒药物。并做好消毒效果评价。可使用 0.1%苯扎溴铵溶液或高锰酸钾温水清洗母猪乳房，仔猪出生之后立即吮吸母乳。

3）生物安全。落实养殖场生物安全措施，实行封闭式饲养，按程序开展消毒、防疫、驱虫等工作，发现疑似病猪及时隔离，坚持早隔离早治疗，避免感染其他猪群。

4）肠道保健。服用益生菌是预防大肠杆菌的一种方式。益生菌主要包含乳酸菌、酵母菌、枯草芽孢杆菌、地衣芽孢杆菌和丁酸梭菌等。在饲料中添加益生菌，可以有效预防猪肠道疾病，降低仔猪黄、白痢等肠道疾病的发生率。长期使用益生菌可使其在肠道中定植，有益于肠道菌群平衡，促进肠道健康。

第二节

猪沙门氏菌病

猪沙门氏菌病又名猪副伤寒，主要是猪霍乱沙门氏菌和猪伤寒沙门氏菌，鼠伤寒沙门氏菌、德尔俾沙门氏菌和肠炎沙门氏菌等也常引起本病。沙门氏菌为革兰氏染色阴性、两端钝圆、卵圆形小杆菌，不形成芽孢，有鞭毛，能运动。本菌对干燥、腐败、日光等环境因素有较强的抵抗力，在水中能存活2~3周，在粪便中能存活1~2个月，在冰冻的土壤中可存活过冬，在潮湿温暖处虽只能存活 4~6 周，但在干燥处则可保持8~20 周的活力。该菌对热的抵抗力不强，处于 60℃环境下 15 分钟即可被杀灭。对各种化学消毒剂的抵抗力也不强，常规消毒药及其常用浓度均能达到消毒的目的。临床上多表现为败血症和肠炎，也可以使怀孕母畜发生流产。由于抗菌药物的广泛使用，该类细菌的耐药性日趋严重，发病率逐渐上升，因此目前备受重视。

一、疫病概况

（一）流行病学

1. 流行病史

沙门氏菌这一名称是为了纪念美国兽医师丹尼尔·E. 沙门（Daniel E Salmon），他于 1885 年首次分离得到猪霍乱沙门氏菌。本病一年四季均可发生，尤其在多雨潮湿季节发病较多。本病一般呈散发或地方流行，饲养管理好的猪群，即使发病，亦多呈散发；反之，则常为地方性流行。

2. 易感动物

沙门氏菌对人和许多动物都具有致病性。各种年龄的动物均可感染，但是幼年动物较成年动物更易感。6 月龄以下仔猪，尤其是1~4 月龄仔猪最易感。感染的孕畜多发生流产。

3．传播媒介

患病者和带菌者是本病的主要传染源。病原随粪便、尿液、乳汁以及流产胎儿、胎衣和羊水排出，污染水源和饲料等，经消化道感染健康动物。患病动物与健康动物交配或者用患病动物的精液人工授精可发生感染。此外，子宫内感染也有可能。鼠类可传播本病。人类感染一般是由于直接或间接接触而引起，特别是通过污染的食物。

（二）毒株进化

1．血清型变化

沙门氏菌属具有 O（菌体）、H（鞭毛）、K（荚膜）和菌毛 4 种抗原，其中前 2 种为主要抗原。沙门氏菌依据不同的 O 抗原、K 抗原和 H 抗原分为不同的血清型。迄今为止，沙门氏菌共有 51 个 O 群，58 种 O 抗原，63 种 H 抗原，组成了 2500 种以上的血清型，除了不到 10 个罕见的血清型以外，其余的血清型均属于肠道沙门氏菌。

2．毒力变化

沙门氏菌的毒力因子有很多种，其中主要的有脂多糖、肠毒素、细胞毒素及毒力基因等。沙门氏菌的脂多糖在防止宿主吞噬细胞的吞噬和杀伤作用上起到重要作用，可引起宿主发热、黏膜出血、白细胞减少等。

3．分子遗传进化

在不同血清型的沙门氏菌的毒性质粒（spv）中存在一个含毒力基因的区域，该毒力区域内的基因功能包括抵抗血清补体介导的杀菌作用、免疫抑制、细胞内生存和生长以及刺激脾脏肿大。此外，染色体上还有与本菌毒力有关的许多基因，如 CT 样肠毒素的染色体基因、细胞毒素基因、LPS 基因、鞭毛基因以及转铁蛋白基因和热休克蛋白（HSPs）基因等。

（三）临床症状

猪的沙门氏菌病又称猪副伤寒。潜伏期一般由 2 天到数周不等。临床上分为急性、亚急性和慢性。

急性型（败血型）：体温突然升高（41～42℃），精神不振，不进食。后期间有下痢，呼吸困难，耳根、胸前和腹下皮肤有紫红色斑点。有时出现临床症状后 24h 内死亡，但多数病程为 2～4 天。

亚急性和慢性：最多见，与肠型猪瘟的临床表现很相似。病猪体温升高（40.5～41.5℃），精神不振，寒战，堆叠在一起，眼有黏性或脓性分泌物，上下眼睑常被粘着。病猪食欲不振，初便秘后下痢，粪便淡黄色或灰绿色，恶臭，很快消瘦。部分猪病程后期皮肤出现弥散性湿疹，特别在腹部皮肤，有时可见绿豆大小、干涸的浆性覆盖物，揭开可见浅表溃疡。病情2～3周或更长，最后极度消瘦，衰竭死亡。有时病猪临床症状逐渐减轻，状态恢复，但以后生长发育不良或经短期又复发。

（四）病理变化

急性型主要为败血症变化，脾脏肿大，色暗带有蓝色，坚实似橡皮，切面蓝红色，脾髓质不软化。肠系膜淋巴结肿大，其他淋巴结有不同程度肿大，软而红，大理石状。肝、肾也有不同程度肿大、充血和出血。有时肝实质可见黄灰色坏死点。全身黏膜、浆膜均有不同程度的出血斑点，肠胃黏膜可见急性卡他性炎症。

亚急性和慢性的特征病理变换为坏死性肠炎。盲肠、结肠肠壁增厚，黏膜覆盖一层弥散性坏死性和腐乳状物质，呈糠麸状，剥开可见底部红色、边缘不规则的溃疡面，此种病理变化有时波及至回肠后段。肠系膜淋巴结索状肿大，部分呈干酪样变。脾脏稍有肿大，呈网状组织增殖。肝脏有时可见黄灰色坏死点。

（五）主要损失

本病遍发于世界各地，是一种条件致病菌，对家养畜禽健康、人类公共安全、食品安全都具有严重的影响。沙门氏菌的许多血清型可使人感染，发生食物中毒和败血症等，是重要的人兽共患病原体，因此，它在公共卫生上具有重要意义。

二、实验室确诊技术

1. 免疫血清学

根据流行病学、临床症状和病理变化，只能做初步诊断，确诊需要做沙门氏菌的分离和鉴定。近年来，单克隆抗体技术和酶联免疫吸附试验（ELISA）已经用于本病的快速诊断。

2. 分子生物学

猪副伤寒除少数急性败血症型经过外，多表现为亚急性和慢性，与亚急性和慢性猪瘟相似，应注意鉴别诊断。除细菌分离鉴定以外，可以通过分子生物学技术，对沙门氏菌的保守基因进行核酸检测。

三、中兽医辨证施治

1. 辨证治则

湿热疫毒污染饲料、饮水和圈舍环境，猪只在气候突变、长途运输、环境拥挤、潮湿污浊，饲料品质不良、营养缺乏，抗病力下降，疫毒乘虚侵入机体而发病。

防治原则：清热燥湿、凉血解毒、涩肠止泻。

2. 防治措施

1）中兽药防治

黄连解毒散 3kg+白头翁散 3kg+乌梅散 4kg 拌料 1000kg，连续饲喂 5～7 天。

亦可按每头仔猪每天 10～15g 药量，分早、晚两次拌料喂服或开水冲调，候温灌服，连用 3～5 天。

2）处方药防治

①黄芪 10g，桂枝 6g，升麻 6g，生地 5g，麦冬 10g，金银花 10g，枇杷叶 6g，桑叶 10g，知母 5g，黄柏 10g，秦皮 5g，陈皮 8g，木香（另包后下）10g，滑石 10g，车前草 9g，甘草 10g（以上为 15～20kg 仔猪 1 天剂量，临床可根据猪的大小酌情调整用量），煎水，候温分 2 次灌服或拌料喂服，1 天 1 剂，连用 3～5 天。

②黄连 20g，黄柏 30g，秦皮 20g，白头翁 30g，石膏 60g，大黄 10g，紫草 15g，白茅根（鲜）100g，水煎浓缩，候温直肠灌注，每次每头猪灌注 50～80mL，每天 2 次，连续 2～3 天即可治愈。

③金银花 50g，黄芩 50g，山楂 50g，薏苡仁 250g，柴胡 20g，茯苓 30g，大青叶 30g，生姜 30g，白芍 20g，陈皮 20g，甘草 20g。水煎 3 次，合并药液，用文火煎至浓缩成 1000mL，备用。按患猪每 1kg 体重计算，每次灌服 2mL，每天 3 次，连续使用 3～5 天即可治愈。

④白头翁 30g，黄柏 30g，黄连 30g，秦皮 30g，金银花 30g，连翘 30g，茵陈 30g，苦参 30g，穿心莲 30g，枳壳 20g，槟榔 20g，葛根 20g，玄参 20g，生地 20g，泽泻 20g，柯子 20g，乌梅 20g，木香 20g，白术 20g（以上为 10 头 10～15kg 仔猪剂量）。煎水 3 次混合，分 3 次拌料喂服或候温灌服，每天 1 剂，连用 3 天。

3）民间验方

民间验方 1：

黄连须 30～60g，黄芩、黄柏、淡豆豉、姜黄、木通、大黄、栀子各 20g，麻黄 10g，石膏 30～60g，牛蒡子 15g，甘草 6g。煎汤，候温，供 1 头大猪 1 日 2 次服用，仔猪酌情减量。

民间验方 2：

青木香 10g，黄连 10g，白头翁 10g，车前子 10g，苍术 6g，地榆炭 15g，炒白芍 15g，烧大枣 5 枚为引，研末，分 2 次拌料或喂服，连用 3 天。

四、综合防控

1. 免疫预防

20 世纪 60 年代，中国兽医药品监察所的房晓文等选用抗原性良好的猪霍乱沙门氏菌强毒株经数百代后，筛选出一株毒力弱而免疫原性良好的弱毒菌株，命名为猪霍乱沙门氏杆菌 C500 弱毒株。制成仔猪副伤寒活疫苗，经田间试验和区域试验证明疫苗安全有效。1976 年被批准列入兽医生物制品规程，已在全国许多生物制品厂生产，对控制仔猪副伤寒病起到很大作用。仔猪副伤寒活疫苗在我国推广使用 20 多年来，尤其是疫苗口服法的采用，使疫苗的使用更加方便和安全，使我国猪霍乱沙门氏菌病得到了有效控制，取得了可观的经济效益和社会效益。可选择使用仔猪副伤寒弱毒冻干菌苗、单价副伤寒死菌苗或者多价副伤寒死菌苗等，其中多价副伤寒死菌苗没有良好的预防效果，而仔猪副伤寒弱毒冻干苗的佐剂为氢氧化铝，免疫效果要比死菌苗好。另外，如果用当地分离得到的菌株制成单价死菌苗，具有更好的免疫效果。

2. 药物防治

病猪常内服磺胺类药物进行治疗，如可按体重使用 20～25mg/kg 复方新诺明（每片含 0.4g 磺胺甲噁唑和 0.08g 甲氧苄氨嘧啶），每天 2 次，间隔 12h 用药 1 次；也可按体重使用 20～40mg/kg 磺胺嘧啶（SD），并配合按体重使用 4～8mg/kg 抗菌增效剂（如甲氧苄氨嘧啶），二者混合均匀后内服，每天 2 次，连续使用 1 周。另外，也可使用喹诺酮类药物、氟苯尼考、硫酸阿米卡星、庆大霉素、新霉素、安普霉素等治疗，具有一定疗效。

3. 净化消除

通过免疫疫苗，辅助良好的饲养管理，做好猪场的生物安全防控工作，严防入口，强化猪群健康水平，提高感染阈值，可以实现养殖场内沙门氏菌病的净化。

4．生物安全

生物安全是为了控制传染源、切断传播途径、降低疾病传播的风险而建立的一套系统化的管理措施。生物安全是最经济、最有效的且必须要全面落实的传染病控制策略。是当前应对非洲猪瘟、蓝耳病传播等烈性传染病的最有效措施。生物安全主要策略：选址、物理（空间）隔离、清洁、消毒（包括高温、干燥、消毒剂）、空置、干燥等措施。

第三节

猪链球菌病

猪链球菌病是一种人畜共患的急性、热性传染病，由 C、D、E 及 L 群链球菌引起的猪的多种疾病的总称。表现为急性出血性败血症、心内膜炎、脑膜炎、关节炎、哺乳仔猪下痢和孕猪流产等。猪链球菌感染不仅可致猪败血症肺炎、脑膜炎、关节炎及心内膜炎，而且可感染特定人群发病，并可致死亡，危害严重。

一、疫病概况

（一）流行病学

1. 流行病史

1991 年，在我国广东省首次报道了该病的发生，1998～1999 年夏季，在我国江苏部分地区猪群暴发流行并通过新鲜深伤口导致特定人群致死的疫病是由猪链球菌 2 型所引起的。2005 年夏季，该病在我国四川部分地区暴发，并引起 204 人感染，其中 36 人死亡。该病多散发，随意剖杀病死猪会导致该病。

2. 易感动物

猪链球菌病的流行无季节性，一般在多种诱因下才会导致发病。带菌及病死猪是主要的传染源，病原菌主要通过呼吸道或者受损的黏膜进入猪体内，仔猪还可以通过母猪的产道发生感染。

3. 传播媒介

最近几年我国有报道称，河北、贵州等省有零星的人感染猪链球菌发病的案例，都是因为感染人员从事生猪相关行业，与猪或猪肉接触而感染发病，但在意大利和泰国都曾出现过患病人员与生猪相关行业及产品无任何接触经历却感染了猪链球菌。越南民众饮食上喜欢消费新鲜猪血、泰国百姓则可能是食用了未煮熟的猪肉，从而导致猪链球菌病在当地的流行。

（二）抗原、血清型及毒力因子

1. 抗原及血清型变化

1987 年，克利珀·巴尔茨和施莱尔（Kilpper-Balz 和 Schleifer）建议将猪链球菌归为一新种。到 1995 年，已鉴定出 35 个荚膜血清型（1-31 型及 1/2 型）。Hill J.E.2005 年通过生物化学及分子生物学方法分析，将原荚膜 32 型和 34 型排除，分为 33 个荚膜血清型（1-31 型、33 型及 1/2 型）。多数菌株来源于病猪，而荚膜 14 型来源于人，17、18、19 和 21 型来源于健康猪，20 型和 30 来源于病牛，33 型来源于病羔羊。与该疾病最为相关的是猪链球菌 2 型，该型亦是临床分离频率最高的血清型。1985~1994 年的 10 年间，从日本全国各地分离的 99 株猪链球菌中，2 型占 57.8%。

2. 体内分布、致病性及毒力因子

由于猪链球菌的血清型众多，各血清型之间的致病因子不完全一致，并且不同地区的流行情况也不相同，已鉴定为毒力因子的基因在一些无毒株上也存在。研究较早的猪链球菌毒力相关因子有：多糖类如 CPS；蛋白类：MRP 和 EF、Sly 等；酶类如精氨酸脱亚氨酸酶、烯醇化酶等，已知的一些二元信号转导系统也参与猪链球菌的致病过程。许多研究表明单一的毒力因子尚不足以引起疾病的感染，一般是多种毒力因子协同促进，因而很难找到一种通用的方法去评估猪链球菌毒力，它的致病过程是如何发展的至今尚未无定论，有待进一步研究探求。

3. 抵抗力及药物敏感性

猪链球菌对大多数的抗菌药物敏感，但不同地区的菌株敏感性有差异。临床疑诊时，一旦做了细菌培养就应根据经验选择有效抗菌药物进行治疗，随后再根据药物敏感性试验调整。目前抗菌效果好的抗菌药物主要有青霉素 G、氨苄青霉素、氯霉素、第三、四代头孢菌素如头孢噻肟、头孢曲松钠、头孢他啶及新一代氟喹诺酮类抗生素。

（三）临床症状

因感染猪群日龄及猪链球菌血清型不同，发病猪群呈现的临床症状各异。超急性病例，病猪不表现任何症状即突然死亡。急性病例中的临床症状主要是发热、抑郁、厌食，随后表现一种或几种以下症状，如共济失调、震颤发抖、角弓反张、失明、听觉丧失、麻痹、呼吸困难、惊厥、关节炎、跛行、流产、

心内膜炎、阴道炎等。在北美洲，猪链球菌常引起心内膜炎，感染猪常表现为呼吸困难或突然死亡；在英国，猪链球菌 2 型主要引起败血症和脑膜炎；在荷兰，猪链球菌 2 型引起的各类临床症状中，42%为肺炎，18%为脑膜炎和心内膜炎，10%为多发性浆膜炎；在日本，1987～1991 年的 4 年间，38%的猪链球菌分离于患脑膜炎的病猪，33%分离于患肺炎的病猪。猪链球菌病的临床症状和肉眼可见病理变化与特定的血清型无关。

尽管由猪链球菌引起人类感染的病例较为罕见，但是其引起的流行病和散发性感染病例在许多国家被报告，患者死亡率达 17.8%，对人类健康构成直接威胁，为公共卫生问题增加挑战。

（四）病理变化

超急性和急性感染猪链球菌而引起死亡的猪通常没有肉眼可见的病变，部分表现为脑膜炎的病猪可见脑脊膜、淋巴结及肺充血。脑脊膜炎最典型的病理学特征是嗜中性粒细胞的弥漫性浸润，其他的组织病理学特征包括脑脊膜和脉络丛的纤维蛋白渗出、水肿和细胞浸润。脉络丛的刷状缘可能被破坏，脑室内可见纤维蛋白和炎性细胞。脉络丛上皮细胞、脑室浸润细胞以及外周血单核细胞中可发现细菌。

在关节炎的病例中，最早见到的变化是滑膜血管的扩张和充血，关节表面可能出现纤维蛋白多发性浆膜炎。受影响的关节，囊壁可能增厚，滑膜形成红斑，滑液量增加，并含有炎性细胞。

心脏损害包括纤维蛋白性化脓性心包炎、机械性心瓣膜心内膜炎、出血性心肌炎。组织病理学变化为心肌发生点状或片状弥漫性出血或坏死、纤维蛋白化脓性液化。心包液中常含有嗜酸性粒细胞，少量嗜中性粒细胞及单核细胞，具有大量纤维蛋白。

猪链球菌病感染普遍引起肺脏实质性病变，包括纤维素出血性和间质纤维素性肺炎、纤维素性或化脓性支气管肺炎，部分病例有细支气管炎，肺泡出血，小叶间肺气肿以及纤维素化脓性脑膜炎。因从猪链球菌感染的病猪肺内常分离出多杀性巴氏杆菌、胸膜肺炎放线杆菌等细菌，故部分学者认为病猪肺炎的病变可能与以上细菌的继发感染有关。另外，猪链球菌还可以引起猪的败血症全身脏器往往会出现充血或出血现象。

二、实验室确诊技术

1. 免疫血清学

血清学检测猪链球菌的常用方法有很多，包括凝集试验、ELISA 法、胶体金免疫层析技术、荧光检测技术等，操作简便，灵敏度高，较为可靠。

1）凝集试验

猪链球菌的检测通常采用平板凝集试验或协同凝集试验，后者应用较为广泛。协同凝集试验是将猪链球菌抗血清与 SPA 结合，成为致敏的载体颗粒，与特异性抗原相遇时，出现凝集现象，而平板凝集试验是在链球菌的选择性培养基上加入抗猪链球菌血清，然后接种待检菌，能形成大的沉淀圈。

2）ELISA

ELISA 即酶联免疫吸附试验，双抗体夹心 ELISA 法与标准检测技术（生化试验、协同凝集试验）的结果一致。此外，随着科学技术的发展，斑点酶联免疫吸附法（Dot－ELISA）由于操作相对简单、灵敏度高、结果易于观察，也常用于链球菌的检测。

3）胶体金免疫层析技术

该技术原理是将免疫金标记技术与抗原抗体的特异性反应结合在一起，以此鉴定细菌。因操作简单、灵敏高效、稳定性好、成本较低等优点，在临床及检疫诊断领域被广泛应用。

4）免疫荧光技术

该技术原理是将抗体或抗原用荧光物质标记，从而显示相应抗原或抗体的一种技术，因一般采用荧光物质标记抗体而进行示踪抗原，所以被称为荧光抗体技术。

2．分子生物学

该方法敏感性和特异性相对于常规检测技术有明显的提高，而且通过测序分析，可对致病菌的来源和进化过程进行研究，对发病猪的快速诊断和流行病学调查具有重要的意义。已建立了多种 PCR 诊断方法，检测猪链球菌特有的毒力基因（cps2A、mrp、gapdh、sly、ef），对诊断猪链球菌 2 型感染有重要意义。

三、中兽医辨证施治

1．辨证治则

参见第一章第一节非洲猪瘟。

2．防治措施

1）中兽药防治
同第一章第一节非洲猪瘟。

2）处方药防治

早期防治用黄连解毒汤加味：黄连45g，黄芩30g，黄柏30g，栀子45g，野菊花60g，忍冬藤60g，紫花地丁45g，白毛夏枯草60g，七叶一枝花15g，煎水，拌料喂服或候温灌服，每天3次，1天1剂，连续使用5～7天。

中后期防治用清瘟败毒饮加味，见第一章第一节非洲猪瘟。

3）民间验方

民间验方1：野菊花6g，蒲公英4g，忍冬藤2g，夏枯草4g，芦竹根3g，大青叶3g，紫花地丁3g，粉碎拌料，供1头成年猪1天用量。

适用证：败血型或溶血性猪链球菌。

民间验方2：金银花、麦冬各15g，连翘、蒲公英、紫花地丁、大黄、山豆根、射干、甘草各10g。煎汤取汁，候温灌服，该剂量供30kg猪每天服用1～2次，连服3～5剂。

四、综合防控

1．免疫预防

1）疫苗

猪链球菌的防治主要依靠疫苗接种。临床上常用的猪链球菌病疫苗包括灭活疫苗、弱毒疫苗和基因工程亚单位疫苗。弱毒疫苗免疫效 强且持久，但是运输、保存条件要求高，毒力易返祖，安全性差；基因工程亚单位疫苗抗原性差。灭活疫苗具有安全性强、研制周期短、易于保存和运输等优点，在实际生产中被广泛使用。

2）免疫程序及评价

造成猪链球菌病危害的血清型主要有2～3种，各个血清型间交叉保护力很弱，一般建议使用其多价灭活苗。使用前，需用20%氢氧化铝胶生理盐水稀释。仔猪断奶前3天皮下肌肉注射0.5头份猪链球菌灭活苗进行首免，断奶后32天注射1.5头份加强免疫1次。怀孕母猪产前20～30天免疫1次，剂量为2头份，以通过母源抗体对哺乳仔猪起 到保护作用，经产母猪每隔4个月免疫1次，每次剂量为2头份。另外，可用其弱毒疫苗预防猪败血性链球菌病，免疫期长达半年。初生仔猪 和病弱猪禁用，大猪在春秋两季各免疫1次，每次剂量为2头份。

2．净化消除

1）净化策略

日常饲养过程中，做好对猪群净化工作。应该定期检查猪群，一旦发现疫病立即进行隔离治疗，并对其待过的猪舍、用过的器具及饮水、饲料等进行彻底消毒。种猪一旦发现疫病应立即捕杀，保证猪群健康。此外，对于病死猪及死胎等应采取深埋等无害化处理措施，以断绝病原微生物的传播。

3．综合措施

1）生物安全

主要采取以控制传染源（病、死猪等家畜）、切断人与病（死）猪等家畜接触为主的综合性防治措施。病（死）家畜应在当地有关部门的指导下，立即进行消毒、焚烧、深埋等无害化处理。对病例家庭及其畜圈、禽舍等区域和病例发病前接触的病、死猪所在家庭及其畜圈、禽舍等疫点区域进行消毒处理。

2）生产管理

① 饲养管理

在日常养殖过程中，要对猪采取科学的饲养管理。第一，要控制好饲养密度，避免饲养密度过大；第二，要对猪舍做好日常保暖及降温措施，定期对猪舍进行通风换气，保持空气流通；第三，要注意猪舍卫生，及时清理猪舍内的粪便及其他分泌物，定期打扫猪舍；第四，对猪舍及猪舍内的饮用水、饲料、粪便、相关 器械用具、进出车辆及道路定期进行彻底消毒；此外，还需做好养猪场内的灭虫及灭鼠工作，从而减少相关病原微生物的传播。

②自繁自养

猪群的频繁流动是造成这种病暴发的一个主要原因。因而，在日常饲养过程中，养殖户应坚持自繁自养，严格控制猪群流动。采取全进全出的饲养模式，对必须引进的种猪进行严格检疫工作，首先要对欲引种的种猪场疾病流行情况进行全面的了解及检疫，引入种猪应在远离猪舍的地方隔离观察，确定没有问题后才可以与其他健康猪混养。

第四节

猪巴氏杆菌病

猪巴氏杆菌病（Swine pasteurellosis）又叫猪肺疫，俗称"锁喉疯"或"肿脖子瘟"，是由多杀性巴氏杆菌引起猪的一种急性、散发性传染病。急性病例表现为出血性败血症、咽喉炎和肺炎症状，慢性病例表现为慢性肺炎症状，呈散发性发生。猪巴氏杆菌病是危害我国养猪业的重要疫病之一，我国将之定为二类动物疫病。

一、疫病概况

（一）流行病学

1. 流行病史

猪巴氏杆菌病一年四季均可发生，秋末春初及气候骤变时发病较多。在健康猪的体内，特别是上呼吸道中往往带有本菌，但其呈无毒或弱毒型，与机体处于一个动态平衡状态，不表现出致病性，当饲养管理不当，免疫失败或免疫不到位、营养不良、环境卫生差、寄生虫严重、长途运输、饲料和环境突然变换等致使猪群抵抗力降低后，原有的平衡被打破，猪只发病，表现出症状。由于猪群健康状况不一，所以发病呈散发性发生，少有群发，且自然条件下相互传染概率很低。当病菌通过发病猪体毒力增强后，也可传染另外的健康猪，病菌随病猪的分泌物、排泄物以及尸体的内脏、血液等污染周围环境，通过被污染的饲料、饮水和其他器物经消化道感染发病；接触和通过飞沫经呼吸道传染是本病的次要的传染方式；偶有发现经伤口感染发病的，或用解剖过禽霍乱的刀进行猪去势，抑或由于鸡发霍乱感染猪引起猪肺疫发生的事例。中、小猪更易感染发病，成年猪发病较少。在南方由于夏季多雨闷热潮湿，该病更容易发生，而北方大多干燥少雨，少见发病，无流行现象，大多为慢性经过，更多见于其他疾病的并发症，如慢性猪瘟、仔猪副伤寒和气喘病的并发症。本病多呈散发，偶有地方流行，同种动物间可相互传染，不同种动物间也偶见相互传染。

2. 易感动物

多杀巴氏杆菌能感染的动物很多，包括家畜中的各种牛、猪、兔、绵羊、山羊、鹿、骆驼、马、驴、犬、猫和水貂等，禽类中的鸡、火鸡、鸭、鹅、鸽等。其中牛、猪、兔、绵羊、鸡、火鸡、鸭最易感、发病多，发病动物以幼龄为多，病情严重，病死率高。

3. 传播媒介

巴氏杆菌的传播媒介主要有：发病猪及其排泄物、分泌物、污染饲料、饮水、环境、解剖过禽霍乱的刀，发生过霍乱的鸡等其他动物等。

（二）抗原、血清型及毒力因子

1. 抗原及血清型变化

根据细菌特异性荚膜（K）抗原吸附于红细胞上作被动血凝试验，可将多杀性巴氏杆菌分为A、B、D、E和F 5种血清群，利用菌体（O）抗原做凝集实验，将本菌分成 12 个血清型。利用耐热抗原做琼脂扩散试验，将本菌分成 16 个血清型。特异性荚膜抗原用大写英文字母表示（A/B/D/E/F），菌体抗原用阿拉伯数字表示（1/2/3/4/5/6……），将菌体型和荚膜型两者结合起来表示，如 5∶A，6∶B，2∶D 等。我国对本菌血清学鉴定表明，只有 A、B、D 3 个血清群，没有 E 和 F 血清群。猪以 A 型及 B 型为最常见。该病的病型、宿主特异性、致病性、免疫性等，都与血清型有关。

2. 体内分布、致病性及毒力因子

猪巴氏杆菌病（猪肺疫）呈急性或慢性经过，急性者常有败血症病变。本病的流行形式依据猪体的抵抗力和病菌的毒力而有地方流行和散发两种。前者都是急性或最急性经过，病状比较一致，易于传染其他猪，死亡率高，病菌毒力强，都是 Fg 型；后者可以是急性的，主要由 Fg 型菌引发的，也可以是慢性的，多由 Fo 型菌所致，病菌毒力较弱，多与其他疾病混合感染或继发，这两种形式中以散发者较为多见。发病猪血液、局部水肿液、心血、肝、脾、淋巴结、肺等均可分离到该菌，其中以病猪肺脏病灶及猪的上呼吸道与消化道中最多。

3. 抵抗力及药物敏感性

该菌对磺胺类药物、氯霉素、红霉素、庆大霉素、环丙沙星、恩诺沙星等

均敏感，但随着抗生素的使用也出现了多种耐药菌，建议在用药前通过药敏试验筛选敏感药物全群给药。在治疗过程中，疗程合理，剂量要足，当症状明显缓解后，再继续投药 2～3 天以巩固疗效防止复发。

（三）临床症状

自然条件下，该菌在 10%～20%健康猪群肺中分离到，80%肺炎猪群可分离到本菌。感染该菌的猪，潜伏期不尽相同，有的 1～3 天，有的 5～14 天，根据发病快慢不同可分为最急性、急性和慢性三种。

1．最急性型

最急性型常见于该病流行初期，病猪采食正常、精神状况良好，无明显感染症状，次日就可见死于栏舍内。病程稍长，有明显症状的可见体温升高至 41℃甚至更高，食欲废绝，精神沉郁，浑身寒战发抖，可视黏膜发绀，耳根、颈、腹等部皮肤呈紫红色斑。有典型的急性咽喉炎症状，颈下咽喉部急剧肿大，呈紫红色，触诊坚硬且有热痛，严重者范围可扩大到耳根后至前胸部，病猪呼吸极度困难，叫声嘶哑，两前肢分开呆立，张口伸颈喘息，口鼻流出白色泡沫液体，有时伴有红色血迹，严重时常犬坐张口呼吸，最后窒息而死。病程 1～2天，病死率很高，可达 100%。

2．急性型

急性型是该病常见病型，临床主要表现为肺炎症状，体温升高到 41℃以上，精神沉郁，食欲减退甚至废绝，病初为干性短咳，后逐渐变为湿性痛咳，鼻孔流出浆性或脓性分泌物，触诊胸壁有疼痛感，听诊有啰音或摩擦音，呼吸困难，张口呼吸，可视黏膜发绀，皮肤上有红斑，初便秘，后拉稀，消瘦无力，卧地不起，一般 4～7 天死亡，少数转为慢性。

3．慢性型

慢性型初期无明显症状，逐渐出现食欲和精神不振，并伴有持续性咳嗽，呼吸困难，鼻腔会流出少量黏脓性分泌物，呈进行性消瘦，行走无力。有时继发慢性关节炎，关节肿胀，跛行。部分病例出现下痢。若治疗不及时或治疗不当，发病 2～3 周后衰竭而死。

（四）病理变化

最急性型病例呈现明显的败血症，全身皮下、黏膜、浆膜可见明显的出血点。咽喉部及周围组织肿胀明显，切开皮肤后，可见咽喉部黏膜因炎性充血、水肿而增厚，黏膜高度肿胀，引起声门部狭窄。周围组织有明显的黄色偏红的出血性胶冻样浸润。淋巴结肿大，切面红色，尤其颚凹、咽背及颈部淋巴结明显，部分有坏死。心外膜出血，胸腔及心包积液明显，并伴有纤维素性渗出。肺充血水肿。脾大小正但有点状出血，胃肠黏膜有卡他性或出血性炎症。

急性型病例主要表现为肺部炎症。肺小叶间质增宽、水肿，可见渐进性肝变，病变部质度坚实，切面呈暗红、灰红、灰白或灰黄等不同颜色，大理石样外观。支气管内充满分泌物。胸腔和心包内有纤维素性渗出并伴有大量淡红色浑浊液体。胸膜和心包膜粗糙无光泽，并有大量纤维素附着，也可见心包和胸膜或者肺与胸膜发生粘连，胸部淋巴结大或出血。

慢性型经过者，尸体消瘦、贫血、肺炎病变陈旧，有的肺组织外有结缔组织包围剖开可见有坏死斑或干酪样物，胸膜增厚，甚至部分与周围邻近组织发生粘连。支气管淋巴结、纵隔淋巴结和肠系膜淋巴结呈干酪样变化。

二、实验室确诊技术

具体可参照农业部发布的农业行业标准 NY/T564-2016 所描述方法进行病原分离培养，培养物病原鉴定、毒力测定、定种 PCR 鉴定以及荚膜血清型定型（Carter 氏荚膜定型法、多重 PCR 荚膜定型法）和菌体血清型定型（Heddleston 氏菌体定型法）。

三、中兽医辨证施治

1. 辨证治则

中兽医认为，在饲养管理不良（如饥饿、圈舍污秽、长途运输等）及气候骤变、受惊感冒、猪只卫外能力减弱时，病邪经口鼻侵入肺胃，热蒸化毒，以致气滞血瘀，继而邪热上冲咽喉，则咽喉红肿热痛，呼吸困难；肺主皮毛，邪气发于肌表，则见皮肤红疹而发病。临床分为急性和慢性两种。

2. 防治措施

治疗以清热解毒、泻肺利咽为治则。争取早诊断、早治疗，初期可用以下方剂。

1）中兽药防治

黄连解毒散+麻杏石甘散，混合均匀，大猪每天 60～80g，中猪每天 40～50g，小猪每天 20～30g。有食欲者拌可口料喂服，无食欲者开水冲调，候温灌服。连续 5～7 天。

2）处方药防治

①川贝 25g，杏仁 25g，款冬花 30g，栀子 20g，陈皮 25g，葶苈子 25g，瓜蒌仁 30g，黄芩 25g，金银花 35g，甘草 15g。煎水，候温内服或灌服，每天 3 次，2 天 1 剂，连服 3～5 剂。

②大青叶、大黄、葶苈子、山豆根、麦冬、黄芩、龙胆草、生石膏各 20～25g，煎水，候温内服或灌服，每天 1 剂，连服 5～7 天。

③桔梗 15g，玄参 10g，山豆根 15g，牛蒡子 15g，射干 12g，黄芩 20g，杏仁 20g，知母 10g，川贝 10g，甘草 10g。煎水，候温内服或灌服，每天 1 剂，连服 5～7 天。

④金银花 15g，连翘 15g，知母 15g，牛蒡子 15g，山豆根 20g，黄连 15g，地丁 15g，射干 20g，大黄 15g，蝉蜕 15g，甘草 15g（50kg 猪的用量，临床可根据体重酌情增减）。共为细末，拌料喂服，或开水冲调，候温灌服。1 天 1 剂，连用 5 天。

⑤对于慢性病猪，可用党参 15g，五味子 20g，炙甘草 15g，白术 20g，茯苓 15g，麦冬 15g，生姜 5 片，大枣 5 枚。煎水，候温一次灌服，每天 2 次，连服 4～5 天。

3）民间验方

民间验方 1：冰片、硼砂、僵蚕、桔梗、乌药、辰砂、甘草各等分，混合后研末贮存于小瓶中，临用时以凉水调成糊状涂抹于舌根部，25kg 猪用 4g，30kg 以上猪用 8g，50kg 以上猪用 12g。

用法解析：该验方主要用于急性猪肺疫病症，急症体温常在 41℃以上，发生短咳、干咳，常常口鼻流出黏液或脓性鼻液，颈部高热红肿，容易发生咽喉堵塞，俗称"锁喉风"，处理不及时常常发生死亡。及时用上述验方可缓解病症。笔者在实践中配合西医治疗方案可大大降低急性病死率，方案如下：

a．切勿搬动患猪，将同圈舍其他猪只赶走，患猪自然躺卧，保持气道通畅。

b．紧急输液：生理盐水 150mL，5%葡萄糖 100mL，5%碳酸氢钠 30mL，青霉素 80 万单位。一般在输液后 30 分钟内可以明显缓解呼吸性酸中毒症状，减少死亡。每天 1 次，连用 3 天。

民间验方 2：党参、五味子、炙甘草各 7g，白术、麦冬各 10g，茯苓 15g，生姜片 3 片，大枣 3 个，煎汤取汁，候温灌服，每天 1 剂，连服 3～5 剂。

用法解析：本方用于慢性猪肺疫。慢性病例以咳、喘、呼吸困难、食欲时好时坏为特征，体温一般不高，日渐消瘦，往往还伴发慢性关节炎，末期出现下痢，粪便恶臭。

四、综合防控

1．免疫预防

目前，猪巴氏杆菌病的疫苗有猪巴氏杆菌病灭活疫苗、猪巴氏杆菌病活疫苗等。菌株大多选择多杀性巴氏杆菌弱毒株，如 EO630 株、C20 株、TA53 株、679～230 株。EO630 株、C20 菌株免疫持续期一般 6 个月；679～230 株免疫持续期一般 10 个月；TA53 株免疫持续期可长达 1 年。

一般建议春秋两季易发病阶段定期对猪进行免疫接种。在发病阶段，除采取有效防治方案的同时也可考虑紧急接种。

2．净化消除

在健康猪的体内，特别是上呼吸道中往往带有本菌，其与机体处于一个动态平衡状态。作为一种细菌病，做好药敏，选对抗生素，控制效果良好。在没有发病的地区一般不建议使用疫苗，加强管理并定期药物保健，防治效果良好；在该病暴发区域，加强管理的同时使用疫苗进行预防，定期进行药物保健，效果良好。

3．综合措施

1）生物安全

在生物安全措施上，猪场应当加强对员工进出猪场、猪舍、栏舍的生物安全工作，包括进、出场淋浴更衣，进出猪舍更衣、消毒等，工具应当单独使用，不宜混用，物质、饲料、工具等进出猪场应当严格消毒后进出猪场和猪舍，有条件的猪场可以加强环境病原的检测。

2）生产管理

加强全进全出、清洗消毒，并严格执行空栏 7 天，或者高温消毒的措施。病弱仔猪及时淘汰。种猪做到一头一针头，仔猪做到一窝或一栏一针头。加强管理，完善对母猪和仔猪的疫苗免疫计划，减少疾病的发生，提前做好药物预防工作。

第五节

猪传染性胸膜肺炎

胸膜肺炎放线杆菌（Actinobacillus pleuropneumoniae，APP）是引起猪胸膜肺炎的病原体，猪胸膜肺炎是一种具有高度传染性的严重猪疾病。猪胸膜肺炎的特点是出血性、纤维性和坏死性肺囊肿，临床表现从急性到慢性不等。接触这种微生物可能导致慢性感染，动物不能健康育肥，即便动物能存活，它们也会成为无症状的携带者，将疾病传染给健康的猪群。

一、疫病概况

1. 流行病史

帕特森（Pattison）等人于 1957 年首次报道猪接触性传染性胸膜肺炎（Porcine contagious pleuropneumonia，PCP），之后世界各地也纷纷报道。肖普（Shope）等首次分离到病原菌，当时根据其生物培养特性，将其归类于副溶血性嗜血杆菌。1978 年，基里安（Kilian）等认为从形态和生化反应特征上两菌相比完全不同。1983 年，波尔（Pohl）等发现该病原菌和李氏放线杆菌同源性较高，提议将其和放线杆菌归类为一组，并改名为胸膜肺炎放线杆菌（Actinobacillus pleuropneumoniae，APP）。我国在 1987 年首次发现该病。

2. 易感动物

各个年龄阶段的猪均易感染发病，其中断奶仔猪最易感。

3. 传播媒介

该病的主要传染源是病猪和慢性感染带菌猪，主要经由直接接触或者以飞沫形式通过呼吸道传播，还可经由污染病菌的运输车辆、工作人员、免疫或者饲养用具等进行间接传播。

（二）抗原、血清型及毒力因子

1. 抗原及血清型变化

到目前为止，已知有 16 种 APP 的血清型，它们的荚膜多糖组成不同。根据它们对生长时 NAD 的需求，可进一步分类为 NAD 依赖的生物Ⅰ型（也称为"典型"）或 NAD 非依赖性的生物Ⅱ型（或"非典型"）。通常，血清型 1～12 和 15～16 属于生物Ⅰ型，血清型 13 和 14 属于生物Ⅱ型。然而，还有的生物Ⅱ型分离菌种属于除 13 和 14 以外的血清型，且血清型 13 分离株也鉴定出可能属于生物Ⅰ型。我国目前已分离到 APP 血清 1、2、3、4、5、7 和 8 型菌株，其中以 7 型最多，其次为 1 型、2 型和 3 型。猪传染性胸膜肺炎流行于世界各地，中国、欧洲、美国、加拿大、墨西哥、日本、韩国等地均有发生，并且在同一国家病原血清型较为复杂。随着规模化猪场的不断增多，从 20 世纪 90 年代开始，我国从国外进口种猪数量不断增加。2000 年以后，猪传染性胸膜肺炎在我国多个省市暴发，上海、广东、湖南、湖北、贵州、青海、浙江、河南等地较为严重。不同地区流行的血清型也不同，甘肃、宁夏、青海流行 2、3、7型；湖北、湖南流行 2、3、7、10 型；福建、海南流行 1、7 型；陕西流行 3、7 型。

2. 体内分布、致病性及毒力因子

APP 主要造成动物严重肺炎，感染过程中，中性粒细胞和巨噬细胞是主要的天然免疫细胞。当侵入动物组织时，体液循环中的炎性单核细胞会被聚集并分化为巨噬细胞，同被感染组织内的巨噬细胞保持相对稳态。一般来说，巨噬细胞在细菌感染的早期阶段会被分化成 M1（经典活化巨噬细胞）表型。当病原体相关分子模式（PAMPs）被病原体识别受体（如 Toll 样受体）识别后，巨噬细胞被激活并产生大量的炎性介质包括 TNF-α、IL-1、一氧化氮（NO），杀死入侵微生物。如果巨噬细胞介导的炎症反应不能被迅速控制，就会形成细胞因子风暴，从而导致严重的机体损伤。中性粒细胞既可以消灭入侵病原体和促进组织愈合，同时也可以引发持续的炎症反应和组织损伤，这对宿主是有害的。App 有多种毒力因子，包括脂多糖（lipopolysaccharide，LPS），外毒素（Actinobacillus pleuropneumoniae toxin，Apx），荚膜多糖，蛋白酶，Ⅳ型菌毛，Flp 菌毛，黏附素自转运蛋白和生物膜结构。其中，ApxⅠ-Ⅲ毒素被认为是主要的毒力因子。App 菌株的毒力是与血清型或生物型相关的，这在某种程度上依赖于 APP 所有血清型共产生的溶血毒素：Apx Ⅰ、Apx Ⅱ、Apx Ⅲ和 Apx Ⅳ

等，Apx Ⅰ、Apx Ⅱ具有细胞毒性和溶血活性作用，Apx Ⅲ只有细胞毒性作用。

（三）临床症状

病猪典型症状是发热，体温可升高至 40～42℃，畏寒，咳嗽增多，口鼻流出泡沫状液体，部分发生呕吐、轻泻，接着呼吸加速，呼吸病情加重后，患病猪的鼻子、耳尖、腹部、腹股沟内侧皮肤会出现紫红色出血斑块，濒临死亡的猪从口腔和鼻腔中流出大量泡沫状血液，如图 2-1、图 2-2[①]所示。病程持续稍长的病猪会表现出咳嗽，部分会有间歇性咳嗽。病程可持续大约 5～7 天。

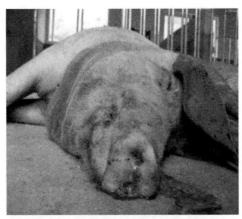

图 2-1　口鼻流出浅血色泡沫状液体

图 2-2　病猪皮肤发红，不愿站立

---

① 李启宏. 猪仕染性胸膜炎发病特点及综合防控措施[J]. 猪业科学，2020，37（09）：43-44.

各个阶段的猪都可感染发病，2～5 月龄，30～60kg 阶段的猪更易发病。APP 在急性暴发期发病率为 10%～100%，死亡率为 10%左右。猪表现为厌食、发热和严重呼吸困难。通常情况下，急性感染的耐过猪没有临床症状，但存在肺部病变，将严重影响猪的生长效率，平均日增重下降 33%左右，饲料报酬降低 25%。APP 患病群体较广，在自然感染情况下病死率超过 20%，急性病症死亡率达到 80%以上。

（四）病理变化

急性病猪剖检能发现气管和支气管内有泡沫状带血分泌物，肺部充血，血管内有纤维素性血栓，并且还伴有肺泡和间质性肺水肿的症状；患猪有双侧性肺炎，病灶区呈现出紫红色特征，肺间质有血色样液体。如果病程继续恶化，剖检病猪会发现肺脏、胸膜等位置出现纤维素性粘连，肺脏表面有明显结节，且周围有结缔组织，心包位置有出血点，如图 2-3、图 2-4[①]、图 2-5[②]所示。

图 2-3　肺脏出血、水肿

---

① 李启宏. 猪传染性胸膜肺炎发病特点及综合防控措施[J]. 猪业科学，2020，37（09）：42-44.

② 夏伦斌，陈桂萍，蒋平，等. 血清 7 型猪传染性胸膜肺炎放线杆菌的分离鉴定与耐药性分析[J]. 西北农业学报，2021，30（02）：161-167.

图 2-4 弥散性纤维性坏死性胸膜肺炎，表现为肺脏水肿，表面覆盖纤维素，肺脏上有坏死灶

图 2-5 发病猪肺与胸壁、纵隔有纤维素性粘连

（五）主要损失

一般急性病猪易死亡，慢性病猪可耐过变成带菌猪，且慢性型感染还会造成饲料转化率下降，影响生长发育速度，增加药物费用。该病常与其他疫病发生混合感染，严重损害养猪业的经济效益。

二、实验室确诊技术

1. 免疫血清学

诊断该病可依据传统方法流行病学调查、临床症状及剖检时病理变化，再结合实验室诊断对该疾病进行确诊。常用的免疫血清学有：补体结合试验（CFT），间接血凝试验（IHA），凝集试验（AA）等。补体结合试验是用免疫溶血机制做指示系统，来检测另一反应系统抗原或抗体的试验，此法被国际上公认为检测 APP 的标准方法。间接血凝试验是将抗原（或抗体）包被红细胞表面，成为致敏的载体，然后与相应的抗体（或抗原）结合，使红细胞聚在一起，出现可见的凝集反应，间接血凝试验可用于检测 APP 并可以区分 APP 血清 4 型和 7 型，有快速、敏感的特点。凝集试验是使其抗原与相应抗体结合呈现凝集现象，该方法是一种简单且快速检测 APP 的方法，可用于 APP 血清型分型。

2. 分子生物学

免疫血清学检测方法可以对猪传染性胸膜肺炎进行检测，但是操作相对繁琐，而且持续时间较长，不能对该病快速检测并出结果，而现有的酶联免疫吸附试验，可以根据 ApxI 和 ApxIV 血清型，通过使用两种基因的特征性引物对病原菌进行 PCR，可有效地进行诊断，敏感性和特异性较高。另外，还有针对 APP 毒素 ApxI A 和 ApxIV A 基因的双重 PCR，该方法特异性高、稳定性好，并且可以同时检测两个基因。

三、中兽医辨证施治

1. 辨证施治

参见本章第四节猪巴氏杆菌病。

2. 防治措施

民间验方 1：

清肺止咳散：当归 20g，冬花 30g，知母 30g，贝母 25g，大黄 40g，木通 20g，桑皮 30g，陈皮 30g，紫菀 30g，马兜铃 20g，天冬 30g，百部 30g，黄芩 30g，桔梗 30g，赤芍 30g，苏子 15g，瓜蒌 50g，生甘草 15g，共研为末，开水冲服。根据发病的不同症状进行药物调整。病初，可加荆芥、防风、苏叶、杏仁。病中期，病猪发热时，加栀子、丹皮、枇杷叶，热盛气喘者，加生地、黄柏，重用桑皮、苏子、赤芍；流脓涕者，减天冬、百合，加金银花、连翘、栀子，重用桔梗、贝母、瓜蒌等；粪便干燥时，加蜂蜜 100g；口内流涎时，加枯矾 15g；胸内积水时，重用木通、桑皮，加滑石、车前、旋复花、猪苓、泽泻等；老龄体弱猪，酌减寒性药物，重用百合、天冬、贝母，加秦艽和鳖甲等。病后期，肺胃虚弱，减寒性药物，重用当归、百部、天冬，加苍术、厚朴、枳壳、法夏、榔片等；气血虚弱者，减寒性药物，重用当归、百部、天冬，加白术、山药、五味子、党参、白芍、熟地、秦艽、黄芪和首乌等。

民间验方 2：

桔梗、葶苈子、贝母各 50g，板蓝根、乌药各 40g，陈皮、木香各 25g，甘草 15g，蜂蜜 200g，每天 1 次，连服 4～5 次。

用法解析：单独使用抗生素或中药无法解决急症症状，可采取解痉、镇咳药物改变机体反应性，病猪耳静脉注射氨茶碱 2mL，同时用地塞米松 5mL 肌注，氨茶碱根据病情使用 1～2 次，地塞米松连用 3 天，每天 3 次，逐渐减量到停用。

四、综合防控

1. 免疫预防

1）疫苗

猪传染性胸膜肺炎疫苗有灭活疫苗，亚单位疫苗、弱毒疫苗，这些疫苗都有一定的保护效果，但是不能降低发病率和慢性感染率。弱毒苗虽然容易引起接种动物致病且存在潜在毒性，但弱毒苗可以通过不断筛选，使弱毒苗毒力降低到最低，同时具有较好的免疫力。目前，市场上已经销售有商品化的灭活苗用于猪群定期免疫接种。然而，大多数商业上可获得的针对 APP 感染的疫苗来源于 APP 的各种血清型的灭活的全细胞菌苗。这些第一代疫苗是针对 APP 的首批商业化疫苗。然而，菌苗赋予对同源血清型的部分保护作用，但它们通常不能防止异源血清型的攻击或定植。在一些病例中，全细胞细菌也不能完全预防胸膜肺炎。灭活菌的组成部分以及其他类型的疫苗在体内并不具有代表性，例如缺乏关键的毒力因子可能是无疗效的原因。另一种方法是使用已经抵抗过 APP 攻击的自家苗，其通过从农场中受感染的猪样品中培养病原体并随后将病原体灭活而获得。然而，由于监管要求和生物安全问题，自家苗通常被限制只能用于分离出该 APP 的农场。因此，其主要的不便之处在于要到特定农场去分离菌株，其可操作性不强。理想情况下，世界范围内需要一种广泛有效的疫苗，目前也正在努力实现这一目标。

2）免疫程序及评价

该病常发于冬春季节交替或夏末秋初时期，所以在每年的 6 月和 12 月可以分别进行一次免疫接种。母猪在产前的 4 周进行 1 次免疫接种，母猪在生产过后可以通过初乳实现对抗体的有效传递，该抗体能够在 5~9 周内对仔猪进行有效保护，所以仔猪在 5~8 周龄进行首免，2~3 周后进行二免。

2．净化消除

1）净化群（个）体评价

净化措施连续防控 15 天后养殖场的疾病得到切实有效的控制，整体治愈率在 93% 以上。病情控制后，采集整个猪群的新鲜血液，进行 1 次全面的血清检测，检测出感染病例后，立即淘汰处理，直到连续 3 次检测不出为止。

2）净化策略

对突然出现体温升高、咳嗽、呼吸困难、有淡黄色鼻分泌物的猪只先进行隔离观察，通过实验室诊断技术进行确诊。病猪死亡后，需通过掩埋法、焚烧法等措施进行无害化处理，阻断病菌传播，防止扩散。确诊该病后，则立即封锁疫区，隔离病猪，控制病原传播蔓延。在整个猪群饮用水中添加 20% 的替米考星预混料、氨基电解多维，每吨饲料分别添加 1000g、500g，每天饮水 1 次，连续饮水 1 周。同时在每吨饲料中添加 80% 的支原净、15% 的金霉素、电解多维、葡萄糖，添加量分别为 250g、200g、1000g、50kg。对于个别症状较为严重的患病猪肌肉注射头孢唑啉钠，使用剂量为 20mg/kg 体重，肌肉注射，2 次/天，连续使用 3 天，整个养殖环境选择 0.2% 的过氧乙酸溶液严格卫生消毒，坚持每天上午下午各消毒 1 次，连续使用 1 周。

3．综合措施

1）生物安全

疾病诱因的发现和消除对猪传染性胸膜肺炎控制起着决定性作用。如混群或运输，这些应激因素会加大猪群发病的风险。其次，所有影响黏膜免疫防御机制的因素，如粉尘或气溶胶，都可能增加对呼吸道传染病的易感性。另外，密度也是影响因素之一，低密度可以使感染猪肺部病变减少。猪传染性胸膜肺炎主要通过带菌猪在不同猪场之间传播。该病最大的风险是引进潜在的感染猪，通常是种猪。此时应从未发生过胸膜肺炎放线杆菌的地区或血清型阴性的地区引进种猪，新引进的猪只应该进行隔离和血清学检测，保证其安全性。已经感染了高毒力血清型的畜群，胸膜肺炎放线杆菌阴性的种猪应接种针对于感染该毒力血清型的疫苗。保持全进全出和多点式饲养模式对包括传染性胸膜肺炎的许多疾病都是有效的手段。

2）生产管理

卫生条件差、通风不良、气候突变、饲养密度大、过堂风等均能促进该病的发生，使发病率和病死率升高。因此，制定合理的饲养管理规范是防控该病的重要举措。未发病的猪场坚持自繁自养，引入猪只时应严格进行隔离检疫，将引入的猪只放入隔离区饲养 30～60 天。隔离区应距离猪场 1000m 以上，饲养密度以 $3m^2$/头为宜，每天对猪只进行体温测量，每周抽血化验一次，及时掌握引入猪群的情况。对于已发病的猪场，在引入新的猪只时不仅仅要防止新血清型 APP 的引入，还要对原有猪场进行彻底的消毒灭菌，防止猪只感染。在饲养过程中需要按照生猪的不同营养需求提供适合的饲料，可以加入中草药、益生素等符合国家规定的饲料添加剂以增强猪只的免疫力，防止传染性胸膜肺炎的发生。车辆在进入猪场前严格消毒，物资进入生活区先在消毒室隔离消毒24h，若要进入生产区则再经过熏蒸消毒 24h。相关工作人员进出猪场时，严格进行消毒处理，登记相关信息；进入生产区时，遵循单向沐浴原则，严格执行淋浴程序。

第六节

猪副猪嗜血杆菌病

猪副猪嗜血杆菌病是由副猪嗜血杆菌（Haemophilus parasuis，HPS）感染引起的猪多发性纤维素性浆膜炎、肺炎、关节炎、脑膜炎等全身性炎症。HPS属于非运动、多形态、有荚膜的革兰氏阴性小杆菌，是猪上呼吸道的条件致病菌。该菌血清型众多，各菌株间毒力差距较大，毒力菌株能感染任何日龄的猪，引起副猪嗜血杆菌病。近年来该病在我国广泛流行，且与多种病毒与细菌混合感染严重，导致猪群发病率和死亡率上升，造成巨大的经济损失，严重影响我国生猪产业的健康发展。

一、疫病概况

（一）流行病学

1. 流行病史

1910年，人们首次发现猪浆液性纤维素性胸膜炎、心包炎和脑膜炎的病料中存在一种革兰氏阴性菌，但由于该菌在外界死亡速度较快，对培养和保存条件要求苛刻，很大程度上阻碍了人们对该疫病的研究，直到1922年首次从病料中分离到该菌，由于该菌生长过程中需要V因子和X因子，1931年被命名为猪副流感，1943年又将其命名为猪嗜血杆菌，之后证明该菌生长仅需V因子，最终更名为副猪嗜血杆菌（haemophilus parasuis，HPS）。副猪嗜血杆菌病在全球范围内广泛流行，欧洲、大洋洲以及美国、加拿大、日本等国均有报道，在我国不同地区也普遍流行。调查显示，2005～2019年，HPS在我国猪群中的综合平均阳性率约27.8%，其中血清流行病学阳性率为29.8%，病原流行病学阳性率为12.5%。

2. 易感动物

猪副嗜血杆菌只会传染猪，不会危害其他牲畜。猪是本病的天然宿主，主要是患病猪或康复带菌猪通过呼吸道和消化道等渠道进行传播，一年四季均可发生，主要多发生在寒冷的冬季及早春季节，不同日龄阶段的猪均可感染，且多发生在 2 周龄～4 月龄阶段的猪，特别是 4～6 周龄的断奶仔猪和保育阶段的猪最易发生感染。

3．传播媒介

该种致病菌属于条件性致病菌，正常条件下副嗜血杆菌不会表现出明显致病能力，在生猪养殖中，如果猪群存在繁殖与呼吸道综合征、流感或地方性肺炎，再加上不当的养殖管理，如饲养密度过大、养殖环境较差、通风不良、有毒有害气体积累等状况，常会诱发该种疾病传播流行。在自然条件下，副嗜血杆菌病常伴随其他疾病混合感染，经常和猪繁殖与呼吸道综合征、圆环病毒、猪流感、猪呼吸道冠状病毒、支原体等传染性疾病混合流行，引发严重的呼吸道症状。

（二）抗原、血清型及毒力因子

1．抗原及血清型变化

副猪嗜血杆菌至少有 15 个血清型，且部分分离株的血清型仍不确定，其中血清 4 型、5 型是目前全球流行最广泛的菌株。2007～2015 年间，我国南方以 4 型（25.17%）、5 型（23.15%）、12 型（20.47%）和 13 型（6.04%）为主要流行血清型。2014～2017 年，5 型（26.6%）、4 型（22.4%）、7 型（9.1%）、13 型（6.3%）、12 型（5.6%）和不能分型的 HPS 菌株（8.4%）为我国的优势流行血清型。

2．体内分布、致病性、毒力因子

副猪嗜血杆菌主要存在于猪的肺、呼吸道，同时也存在于感染猪的关节液、心包液、腹腔液等。与细菌致病性相关的致病因子有很多种，主要包括脂多糖，荚膜多糖和细胞内自身产生的外毒素，目前 HPS 致病性毒力因子的数量与功能尚未完全探究清楚。相关学者已筛选出部分主要的毒力相关基因或操纵子基因（nan H、oap A、omp P5、pil A、omp P2、cdt ABC、hhd AB、prt C、sod AC、sph B、esp P、fkp A、mip、mvi N 和 HAPS-0694），发现这些基因在我国 HPS 流行菌株中高度保守，很有可能是引起 HPS 致病力的关键因子。

3．抵抗力及药物敏感性

抗生素的不合理使用以及抗菌药物的选择压力等因素加重了细菌的耐药

性，据国内外研究表明，HPS 耐药性广泛，对不同药物的敏感性亦有地域性差异。研究报道，HPS 对恩诺沙星产生抗性，对头孢噻肟、头孢噻呋、阿奇霉素、氯霉素、氟苯尼考和替米考星等敏感，可用于副猪嗜血杆菌病的治疗。也有结果表明 HPS 分离株对青霉素、头孢噻呋、红霉素、替米考星、恩诺沙星和氟苯尼考敏感，对林可霉素、链霉素、四环素和红霉素等产生耐药性。

（三）临床症状

副猪嗜血杆菌病发病率一般在 10%，病死率可达 50%，在新发病猪场可能导致更高的发病率和死亡率，年龄范围也显著增宽。感染 HPS 的病猪临床上主要表现为急性型和慢性型两种，并且大多数感染猪以慢性感染为主。急性型病例往往发生在体况良好的仔猪群，患病猪初期皮肤潮红，病情严重的猪呈现酱红色，可视黏膜发绀、精神沉郁、体温升高（可达 40～42℃），呼吸困难呈腹式呼吸，鼻孔有黏液性或浆液性分泌物流出，关节肿胀发炎共济失调，有的病猪四肢呈现划水样神经症状，一般在发病 2～3 天后死亡。慢性型病例多发生于保育阶段的生猪，患病猪被毛粗乱，食欲下降，呼吸困难，并伴有轻微的咳嗽症状，四肢无力或跛行，末梢发绀，生长发育不良，通常经过两周左右由于发生严重衰竭而死亡；耐过的病猪愈后不良形成僵猪。图 2-6 所示为病猪胸腔发生粘连和积液。

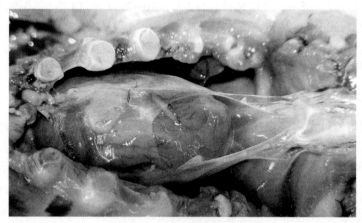

图 2-6　胸腔发生粘连和积液

（四）病理变化

副猪嗜血杆菌病的病理变化主要是以全身发生纤维素性浆膜炎为特征，可见浆液性纤维素性胸膜炎、脑膜炎、肺炎、关节炎等，特别是以胸膜炎和心包炎最为多见，解剖可见，心包积液，且液体呈淡黄色，到了后期液体混浊，大量的渗出物在心外膜沉积，逐渐形成灰白色的绒毛，这就是副猪嗜血杆菌最典型的"绒毛心"，如图 2-7 所示，而且大量渗出物的纤维蛋白有机化时，则可发生粘连现象，胸腔、心脏、肺脏、肝脏等均发生粘连，关节炎解剖时主要可见关节皮下组织至关节周围皮下组织、肌腱等水肿，并且呈胶冻状，而且关节腔内多量淡黄色积液。

图 2-7　绒毛心

（五）主要损失

近年来随着我国养猪事业的快速发展，副猪嗜血杆菌病的发病率持续走高，该病可导致猪的免疫力下降，为其他疾病继发感染创造条件，同时该病常伴随其他疾病混合感染，抗生素的不合理使用以及抗菌药物的选择压力等因素加重了副猪嗜血杆菌的耐药性，临床上治疗效果不佳，给养殖户带来重大经济损失，严重影响我国生猪产业的健康发展。

二、实验室诊断技术

1. 免疫血清学

临床上应采用补体结合试验（Complement fixation test，CF）、平板凝集试验、间接血凝试验（Indirect hemagglutination test，IHA）及酶联免疫吸附试验（Enzyme linked immunosorbent assay，ELISA）检测 HPS 的抗体水平。补体结合试验中各种血清型之间具有广泛的交叉反应性，无法区分待检 HPS 血清型。

平板凝集试验常用于评估 HPS 疫苗免疫的抗体水平，ELISA 具有简便、快捷、适用场景广泛等优点，是目前研发较多的 HPS 血清学检测方法。以 HPS 的保护性抗原外膜蛋白 P2（OPP2）和 P5（OPP5）作为 ELISA 检测抗原，已建立了多种不同的检测方法。

2．分子生物学

HPS 的分子生物学诊断方法，主要有 PCR 法、环介导等温扩增（Loop-mediated isothermal amplification，LAMP）、交叉引物扩增核酸试纸条法等。目前已经建立的 HPS 分子生物学检测方法主要针对 16S rRNA、infB、OmpP2、PalA、wzs5 基因，其中 16S rRNA、infB 是最常用的检测靶标基因。灵敏度较高的 SYBR Green 或 Taq Man 探针的荧光定量 PCR 检测方法的检测下限为 10～100 copies/μL，该类方法敏感性高、特异性好，且较为稳定，是目前 HPS 实验室诊断和定量分析的常用方法。HPS 的 LAMP 法检测下限为 $10^{-5}\sim10^{-7}$ μg/mL，其敏感度与普通 PCR 相近甚至高于普通 PCR 的 100 倍，结果的灵敏度往往与反应体系、可视化判断结果标准相关。由于临床上 HPS 常与猪链球菌、伪狂犬病毒、猪繁殖与呼吸综合征病毒等混合感染，多重 PCR 或多重荧光定量 PCR 等方法相继建立。

三、中兽医辨证施治

1．辨证防治

参见本章第三节猪链球菌病。

2．防治措施

民间验方 1：

黄连、黄芩、玄参、牛蒡子、薄荷、升麻、柴胡、栀子、知母、陈皮各 30g，甘草 15g，连翘、桔梗各 40g，板蓝根 60g，僵蚕 20g，石膏 300g，紫草 50g（为 50kg 猪用量），水煎 2 次，合并药液，灌服，1 剂/天。

民间验方 2：

连翘、板蓝根、地骨皮、淡竹叶各 100g，金银花 50g，黄连 20g，栀子、黄花地丁、生地、麦冬、夏枯草各 80g，黄芩 30g，芦根 200g（为 250kg 猪用量）。水煎取汁，候温灌服，1 次/天，连服 7 天。

用法解析：副猪嗜血杆菌病病在临床中一旦出现，很难治疗，要注意控制猪场的蓝耳病；用药至少在 7 天以上，配合西药治疗，上午用转移因子、盐酸林可注射液，下午用泰乐菌素注射，连用 7 天，饮水中添加葡萄糖、维生素 C、电解多维等增强体质。后期出现纤维素渗出可配合口服纤维素溶解酶类药物（副猪利克）加速康复。

四、综合防控

1. 免疫预防

1）疫苗

近年已报道的副猪嗜血杆菌疫苗有灭活苗、亚单位疫苗、DNA 疫苗和基因工程疫苗等，但目前预防副猪嗜血杆菌病使用的所有商业苗均为灭活疫苗，大多是利用感染副猪嗜血杆菌强毒株而制备的，包括单价、二价、三价、四价副猪嗜血杆菌疫苗，其中包括各种血清型。它们提供的交叉保护作用通常较低，而对同源血清型更有效。这些疫苗对于控制世界各地的副猪嗜血杆菌病发挥着重要作用。

2）免疫程序及评价

如果条件允许，可从本场发病症状比较明显且没有使用经抗生素治疗的发病猪对猪副嗜血杆菌进行有效分离，用于制备自家灭活疫苗，然后给猪群进行免疫接种，预防效果会更好。初产母猪可在产前 40 天注射首次疫苗，产前 20 天再加强免疫 1 次；经产母猪只需要在产前 30 天进行 1 次疫苗接种即可。仔猪的免疫可在出生后 1~4 周内进行初免，在初免 3 周后加强免疫 1 次。对应免疫接种评价可采用血清学抗体监测评价。

2. 净化消除

1）净化群（个）体评价

针对需净化猪场，不定期对猪群采取保健措施，做好猪场圆环、蓝耳等疾病的预防控制。可采取抽样血清学检查和病原学检查，达到并保持非免疫动物群血清学和病原学监测阴性，免疫动物群病原学监测为阴性，即可认定为该病达到净化。

2）净化策略

饲养场应该坚持全进全出的饲养模式，在对猪舍消毒后应保证有空置期，对猪群实行分级饲养的方式，控制或减少猪群的流动。定期采血以鉴定血清型，进而采取有针对性的疫苗免疫。同时要严格避免猪感染繁殖与呼吸综合征、猪瘟、猪圆环病毒病、猪细小病毒病以及猪链球菌病等疾病。

3．综合措施

1）生物安全

养猪场应坚持自繁自养、全进全出和封闭式管理，并加强引种检疫，以防带入病原。猪舍和周围环境及时清扫并定期或不定期消毒。断奶前后仔猪和保育猪发病期间应每天带猪消毒一次，消毒可交替使用聚维酮碘 1∶500、戊二醛 1∶500，以有效杀灭病原菌。

2）生产管理

加强猪群饲养管理，尤其是断奶前后仔猪和保育仔猪的饲养管理，给予猪群营养丰富的全价饲料，并确保饲料新鲜无霉变。减少不必要的转舍和并群，保持合理的养殖密度。做好冬季保温和夏季防暑工作，防止舍内温差过大。猪舍内应有足够数量的饮水器和食槽，防止猪争水、争食。为避免发生应激，仔猪断奶、转群、混群或运输前后，饮水中可加入抗应激药物，如多维、VC 等，防诱发猪副猪嗜血杆菌病。

第七节

猪增生性肠炎

猪增生性肠炎（Porcine proliferative enteritis/ enteropathy，PPE）又称猪回肠炎、增生性出血性肠炎、猪小肠腺瘤病和坏死性肠炎等，是由专性胞内寄生的胞内劳森菌（Lawsonia intraellularis，LI）引起的猪的接触性传染病，以回肠和结肠隐窝内未成熟的肠细胞发生根瘤样增生为特征。该病多发生于 6～20 周龄的生长育肥猪，临床症状主要表现为猪只的食欲减退，顽固腹泻继而引起生长迟滞。研究表明，由胞内劳森菌感染猪在整个试验期内，平均日增长可降低9%～31%，饲料转化率降低 6%～25%。该病目前在全球范围内广泛流行，给养猪业造成了巨大经济损失。

一、疫病概况

（一）流行病学

1. 流行病史

该病最早于 1931 年被比斯特（Biester）和施瓦特（Schwarte）等在美国艾奥华州首次发现和报道，随后在世界多国养猪地区均发现该病。直到 1993 年，胞内劳森菌才由劳森（Lawson）等成功分离并培养。本病分布于全球各地，在所有养猪地区以及所有猪场管理模式中，包括野外猪群都经常发生本病。目前，在包括美国、丹麦、中国、日本、韩国和菲律宾等欧美和亚洲主要猪生产国都有猪增生性肠炎发生。

2. 易感动物

胞内劳森菌除侵害猪外，仓鼠、雪貂、狐狸、大鼠、马鹿、鸵鸟和兔等动物也有感染的相关报道。猪以白色品种猪，特别是长白、大白品种猪及白色品种猪杂交的商品猪易感性较强。虽然断乳猪至成年猪均有发病报道，但以 6～16 周龄生长育肥猪易感。

3. 传播媒介

胞内劳森菌在-15～15℃条件下，最多可在粪便中存活 2 周。感染胞内劳森氏菌的猪群排泄物中含菌量高。环境中的胞内劳森氏菌会附着在残留的粪便、靴子、昆虫等媒介上，导致环境中持续存在细菌，通过粪-口途径感染猪。野生鼠类是该菌重要的储存宿主，有研究证实当易感猪摄入 1g 含有病菌的鼠类粪便即可能导致该病的流行和传播。因此，猪场鼠患可能成为这一疾病的传染媒介。此外，根据不同的生产模式和抗生素的使用情况，胞内劳森氏菌的血清阳转模型不同。单点式猪场，胞内劳森氏菌的感染发生在仔猪断奶后数周，因为此时母源抗体逐渐消失，并通过粪-口传播途径在保育猪、育肥猪群和后备猪群中扩大感染，这是经典的感染模式。如果猪群在不同阶段使用了抗生素，会出现保育猪、育肥猪和成年猪的间歇性感染，这种是非典型的感染模式。

（二）抗原、血清型及毒力因子

胞内劳森菌是脱硫弧菌科中独特的一个分支，迄今为止仅发现一个血清型，一般认为临床症状的差异都是由于猪个体差异和治疗用药的剂量差异导致。到目前，没有胞内劳森氏菌感染人的案例报道。

胞内劳森菌为无纤毛和孢子的革兰氏阴性菌，呈弯曲形、逗点形、S 形或直的杆菌，具有波状的 3 层膜外壁。对胞内劳森菌的 16S 核糖体 DNA 同源性分析发现，猪源胞内劳森菌与其他动物源性的核苷酸同源性在 98.4%～100%之间，与一般弯曲杆菌和螺旋体同源性较低（71.8%～73.9%）。该菌与脱硫弧菌属相似性高达 91%，全基因序列共有 171.9 万个碱基对，这些碱基对分布于 1 条小型染色体和 3 种质粒中。其染色体包含噬菌体（DLP12）整合酶的部分基因片段，而在马源性胞内劳森菌分离株中未发现此片段，推测该序列可能是猪源性胞内劳森菌的特定因子。胞内劳森菌主要分布在刷状缘下方的胞浆顶部，不在细胞膜或空泡中分布，也不形成包涵体或是集结成团，胞内劳森菌还能在回肠的上皮细胞的胞浆内进行自由的二分裂复制。该菌能通过 0.65 微米滤膜，细菌培养物对季铵消毒剂和含碘消毒剂敏感。

研究表明，猪源劳森菌基因序列还可编码三型分泌系统（T3SS）和沙门菌 2 型毒力岛（SPI2）相关操纵子，这些毒力因子可能在细菌入侵宿主细胞的过程中发挥潜在的致病作用，与细菌侵入上皮细胞和逃逸巨噬细胞吞噬有关。

（三）临床症状

根据临床症状的差异，可以将猪增生性肠炎分为急性型、慢性型和亚临床型三类。其中,急性型症状多见于 4～12 月龄后备母猪或 17 周龄以上的育肥猪,特别在经过长途运输或新引进的后备母猪常因应激而导致疫病发生,通常越是表观健康的猪群,急性增生性肠炎发病率越高。主要临床特征为:体表皮肤和可视黏膜苍白,急性肠道出血,严重腹泻,出现沥青样黑色粪便,后期粪便转为黄色稀粪或血样粪便并发生突然死亡,也有突然死亡而无粪便异常的病例。急性回肠炎的死亡率在 6%左右,发病率 50%左右。怀孕母猪发病可能导致流产。慢性型增生性肠炎多见于 6～20 周龄保育后期及生长育肥前期的猪群,以生长缓慢、被毛粗乱、采食量下降、顽固性下痢,粪便呈半固态、软便,猪群整体均匀度差为特征。剖检可见肠管黏膜肥厚如水管状结构,黏膜褶皱深,呈脑回状。慢性型增生性肠炎死亡率较一般为 1%～5%,且多与继发感染有关。亚临床型增生性肠炎通常仅表现为猪只生长缓慢,均匀度较差。发生阶段与慢性型相似,在 2～20 周龄的各个生长阶段都可能发生,有时可见轻微下痢但常不引起注意,生长速度和饲料利用率明显下降。据报道,在美国亚临床型慢性型增生性肠炎的发病率可达 94%,但在国内相关的统计数据较为缺乏。

(四)病理变化

感染猪剖检后常见回肠、结肠及盲肠的肠管胀满,外径变粗,切开肠腔可见肠粘膜增厚。回肠腔内充血或出血并充满黏液和胆汁,有时可见血凝块。肠系膜水肿,肠系膜淋巴结肿大,颜色变浅,切面多汁。组织学观察可见肠黏膜上皮细胞增生,其上排列不成熟的柱状上皮细胞。急性的坏死性细胞、巨噬细胞和浆细胞的渗出。隐窝和腺上皮细胞增生并充满炎性细胞,这导致一些隐窝发生脓肿。派伊氏小体经常发生过度生长和增生,其内或周围可见有许多弯曲杆菌样细菌生长。肠绒毛扩张并有大量的巨噬细胞和中性粒细胞浸润,而黏膜的杯状细胞却呈中等程度的广泛性丢失。电镜观察可见大量的胞内菌位于感染的上皮细胞胞浆末端。在恢复期,细菌聚集并随变性细胞排入肠道或被固有层的巨噬细胞吞噬。

(五)主要损失

猪增生性肠炎具有易传播和低剂量即引起感染的特点,在疫区猪场严重影响猪只平均日增重和饲料转化率等生产指标,甚至导致母猪流产,严重影响猪的生产性能。

二、实验室确诊技术

根据流行病学调查、临床症状、病理变化可对本病做出初步诊断。但由于胞内劳森菌在人工培养基中部生长，常规方法不适合于活体检查；同时，因与其他肠道疾病的临诊症状和病理组织学变化十分相似，以上检查特异性相对较差，特别是对镜检未见黏膜增生性变化的病例。因此目前实验室确诊主要依靠更加灵敏和特异的免疫学或分子生物学技术。

1. 免疫学技术

常用的胞内劳森菌免疫学诊断技术主要包括：免疫组化法（IHC）、间接免疫荧光抗体试验（IFAT）、免疫过氧化物酶单层抗体试验（IPMA）和酶联免疫吸附试验（ELISA）等。其中，免疫组织化学法（IHC）可以对各种形式的 PPE 感染组织中的胞内劳森菌进行特定检测。应用特异性单克隆抗体，可以在含有胞内劳森菌的排泄物或者不同来源的固定组织切片中鉴定出胞内劳森菌。有报道称，对于检测 PPE 组织样品中的胞内劳森菌，IHC（86.8%）的染色敏感性比 HE 和 WS 染色度高，IHC 结果和感染后第 4 周出现的肠组织损伤相关性达 82.5%。使用 IHC 甚至可检测在严重坏死或康复阶段、细菌抗原只存在于固有层中单核细胞细胞质中的病例。IFAT 则可以用于检测自然感染和人工感染猪体内的胞内劳森菌。该法以用受测猪血清为第一抗体，荧光 FITC 标记的抗猪 IgG 为第二抗体，检测猪被纯细菌培养物感染后第 21～28 天的抗胞内劳森菌抗体。此外，ELISA 方法也被广泛用于劳森菌抗体监测。目前已有相关的商品化试剂盒，常用于回肠炎的血清流行病学调查。但由于猪群感染胞内劳森氏菌后 2～4 周抗体才会转阳，并且抗体会在血液中持续数月，所以 ELISA 检测结果只能说明猪群感染过胞内劳森氏菌，不能鉴定当下的感染状态，并且该方法不易区分疫苗免疫与自然感染。

2. 分子生物学技术

用于胞内劳森菌实验室监测的分子生物学方法包括：普通 PCR（聚合酶链式反应）、套式 PCR、多重 PCR、定量 PCR 等，在引物或探针设计时往往选择其 16SrRNA 的保守序列作为分子靶点。与其他方法相比，分子生物学方法具有灵敏度高、特异性高、快速便捷等优势。定量 PCR 的循环阈值与肠道病变评分和平均日增重具有相关性。有研究比较了几种检测方法的效果。其中，FIRST test 抗原检测的结果与 PCR 抗原检测的一致；ELISA 检测抗体变化趋势跟 FIRST test 和 PCR 检测结果的变化趋势一致，但要滞后 4 周左右，也证实了猪感染胞内劳森氏菌后 2～4 周抗体才转阳的规律。

三、中兽医辨证施治

1．辨证治则

属于湿热肠黄。治宜清热解毒、燥湿健脾、涩肠止泻。

2．防治措施

1）中兽医防治

黄连解毒散+白头翁散+平胃散，混合。大猪每天 80～100g，中猪每天 50～70g，小猪每天 20～40g。拌料喂服，或开水冲调，候温灌服，连用 7～10 天。

2）处方药治疗

黄连 25g，黄柏 30g，黄芩 30g，栀子 25g，大黄 20g，白头翁 30g，柯子 20g，白芍 20g，苍术 35g，陈皮 20g，青皮 20g，地榆 25g，炒荆芥 25g，炒白芨 25g，甘草 10g。煎水，拌可口料喂服，或候温灌服，每天 2 次，2 天 1 剂，连用 7～10 天。

3）民间验方

白头翁 342g、黄连 171g、黄柏 256g、秦皮 231g；30～45g/次，1 天 1 次，连用 3 天或本品 1000g 拌料 1000kg，自由采食连用 7～10 天。

功能、方解：解毒，凉血止痢之功效；而黄连、黄柏、秦皮既有清热解毒，又有燥湿功效，同时秦皮兼有收涩止泻之功。

四、综合防控

1．免疫预防

目前，国外已经成功研制猪增生性肠炎活疫苗，（如：德国勃林格殷格翰动物保健品有限公司研制的恩特瑞猪回肠炎活疫苗），可在 3 周龄或更大的猪上使用，以控制或预防由胞内劳森菌所引起的总体和微观损伤。此外，据报道该苗能有效预防各类型回肠炎，减少猪肠道疾病综合征造成的损失，提高猪群的健康度，改善猪群生长性能，减少育成期抗生素的使用。但也有国外研究报道，使用回肠炎疫苗只能控制 70%～80% 的临床型回肠炎，不能控制亚临床型回肠炎。抗生素的效果好于接种疫苗。

2．综合防控措施

1）多种药物对于预防和治疗猪增生性肠炎有效。目前常用的药物有红霉素、青霉素、硫黏菌素、威力霉素、盐酸万尼菌素、泰妙菌素、泰农等。

2）回肠炎目前在猪场无法清除。回肠炎的发生常与长途运输、饲养密度过大、极端温度变化（高温）等多种应激因素密切相关，主要是经粪-口传播，所以利用综合手段，包括改善管理、药物保健治疗等措施，减少该病的发生，降低猪场的损失。良好的饲养环境和消毒程序可以降低猪群感染回肠炎的机会，所以，首先在饲养管理上，要实行全进全出，批次管理，加强周围环境清洁与消毒工作，转群后的空舍要进行彻底清扫、消毒与干燥。其次，给猪群提供适宜的环境温度，避免高温应激。在转移猪群过程中避免暴力驱赶，分群时保证合适的饲养密度。

3）在生物安全上，一方面加强猪场工作人员的管理，尽量减少不同部门的人员流动；另一方面定期进行灭鼠和灭蚊虫工作，降低了人员、鼠类及蚊虫类传播疾病的机会。在引进后备猪只时，一定要做好猪群的隔离驯化工作，在确保没有回肠炎感染或已经完成相应的药物保健后才能转入本场猪群。

第八节

猪　痢　疾

猪痢疾（Swine dysentery，SD）又称猪血痢，是由致病性猪痢疾蛇形螺旋体引起的猪的一种严重的肠道传染病，主要临床症状为严重的黏液性出血性下痢，急性型以出血性下痢为主，亚急性和慢性以黏液性腹泻为主。解剖病理特征为大肠黏膜发生卡他性炎症、出血性及坏死炎症。

一、疫病概况

（一）流行病学

1. 流行病史

本病 1921 年由怀廷（Whiting）等人首次报道，1971 年确定本病的病原体为猪痢疾蛇形螺旋体，现在世界上许多养猪国家和地区都有本病发生的报道。我国于 1978 年 10 月由美国进口的种猪身上首次发现本病。上海市畜牧兽医研究所经系列试验确诊为猪痢疾。后来我国疫情扩大、蔓延，目前在我国养猪省、市均可发现本病，已是普遍存在的常见传染病之一。

2. 易感动物

本病原只引起猪发病。不同品种、不同年龄的猪均可感染，以 2～3 月龄幼猪发生最多。小猪的发病率和病死率比大猪高。一般发生率 70%～80%，病死率 30%～60%。其他动物如犬、燕八哥经口感染后，可从粪便中排出菌体。小鼠带菌也可以带菌 100 多天，大鼠可带菌 2 天。苍蝇可带菌 8h。从猪舍中的老鼠、家犬、蝇可分离到蛇形螺旋体。但是这些带菌动物并不发病。

3. 传播媒介

未接触过该病原的阴性猪往往是该病的敏感动物，在持续发病的猪场，发病动物排菌往往成为传染源，当饲养员来往于病猪舍和健康猪舍间而不更换衣服和鞋子时，往往会传播该疾病。病猪粪便中也带有该病原，发病猪只可通过粪便传播给同栏猪舍，在非死体栏隔断的保育-育肥场，相邻栏舍间也可通过粪便传播。引进阳性后备母猪往往也成为该病传播的一种模式，运输车辆如果没有严格消毒，车内的病原可感染后备母猪而传播。在没有做好生物安全的猪场，人员进场时衣物、鞋底等可能携带病原进入猪场，并带入猪场感染猪而发病。此外，猪场内的其他动物如猫、狗、老鼠、鸟等都可能携带病原传播。

（二）抗原、血清型及毒力因子

1. 抗原及血清型变化

猪痢疾的免疫有很强的血清型特异性，猪痢疾蛇形螺旋体含有 2 种抗原成分，一种为蛋白质抗原，多种特异性抗原，可与猪痢疾蛇形螺旋体的抗体发生沉淀反应，而不与其他动物蛇形螺旋体抗体发生反应；另外一种为脂多糖抗原，是型特异性抗原，可用琼脂扩散试验将本菌分为 4 个血清型。

2. 体内分布、致病性及毒力因子

猪痢疾螺旋体的毒力特征包括一套涉及初始定植及适应在大肠黏膜附近微环境中生存的毒力"生活方式"因子，如 mgLB 基因编码的葡萄糖-半乳糖脂蛋白、NADH 氧化酶活性物质，以及与病变产生所需要的"必须"毒力因子如溶血素。

（三）临床症状

本病往往开始多呈急性，后逐渐缓和，转为亚急性和慢性。新发病猪场急性发病时，病猪突然死亡，看不到明显的腹泻症状。随后出现急性型，猪呈现不同程度的腹泻，一般先拉软粪，逐渐变为黄色稀粪，混有黏液或者带血，严重时可见粪便呈红色糊状，内有大量黏液、血块及脓性分泌物，有的拉灰色、褐色甚至绿色糊状粪，有时带有很多小气泡，并混有黏液及纤维素坏死伪膜，肛门周围及尾根被粪便沾污，发病猪精神不振，厌食，喜喝水，大部分猪体温正常。亚急性和慢性病例症状较轻，下痢，粪中含较多黏液和坏死组织碎片，血液较少，病期较长，进行性消瘦，生长停滞，发育不良。

（四）病理变化

主要病变在大肠（结肠、盲肠）。急性病例为大肠黏液性和出血性炎症，肠壁水肿、增厚，肠黏膜肿胀、充血和出血，肠腔内充满红色、暗红色的黏液和血液。病程稍长的病例，主要为坏死性大肠炎，黏液上有点状、片状或者弥漫性坏死，坏死常限于粘膜表面，与渗出的纤维素构成豆腐渣样的伪膜，肠内混有大量黏液和坏死组织碎片。肠系膜淋巴结肿大。

（五）主要损失

发生猪痢疾的猪群由于死猪导致生长率降低、饲料转化率差以及治疗开支等费用，造成了相当大的经济损失。国外研究报道，混饲给药治疗猪痢疾费用为 1.5～5.0 英镑/猪，感染猪的饲料转化率急剧下降至 0.58 英镑/猪，额外增加的成本为 7.31 英镑/猪，治疗成本为 1.38 英镑/猪。

二、实验室确诊技术

1．免疫血清学

包括细菌的分离鉴别诊断和血清学诊断。细菌分离鉴定可取病猪新鲜粪便或者大肠黏膜制成涂片，用姬姆萨、草酸铵结晶紫或者复红染色液染色、镜检，高倍镜下每个视野见 3 个以上具有 3～4 个弯曲的较大螺旋体，或将病料制成悬滴或压滴标本用暗视野检查，亦可见到每视野 3～5 条蛇形螺旋体，即可初步确诊本病。血清学诊断可以有凝集试验、免疫荧光试验、间接血凝试验、琼脂扩散试验、酶联免疫吸附试验等，以凝集试验和酶联免疫吸附试验较好。

2．分子生物学

为提高临床样本的检测灵敏性和速度，已经开发出了用于猪痢疾蛇形螺旋体与其他常见病原菌鉴别的分子生物学鉴别方法，包括核酸探针技术和聚合酶链式反应（PCR）扩增技术。

三、中兽医辨证施治

1．辨证治则

属于疫毒内中之肠风下血。治宜清热解毒、涩肠止痢、止血。

2．防治措施

1）中兽药防治

黄连解毒散+乌梅散，混合，大猪每天 80～100g，中猪每天 50～70g，小猪每天 20～40g。拌料喂服，或开水冲调，候温灌服，连用 7～10 天。

2）处方药防治

①白头翁 15g，黄柏 20g，黄连 20g，苦参 30g，秦皮 20g，柯子 20g，乌梅

25g，生地 20g，麦冬 15g，槐花炭 30g，地榆炭 25g，蒲黄炭 30g，茜草炭 20g，甘草 15g。煎水，拌可口料喂服，或候温灌服，每天 2 次，2 天 1 剂，连用 5～7 天。

②白矾 2g，白头翁 10g，石榴皮 20g。先将白头翁和石榴皮加水煎煮，过滤出药液，再加入白矾使之溶解，分 2 次拌入饲料中喂服或灌服，每天 1 剂（此为 25～50kg 猪剂量），连用 3～5 天。

3）民间验方

民间验方 1：赤石脂 120g，炮附子 30g，生白术 30g，炙甘草 30g，黄芩 30g，阿胶 30g（烊），生地 30g，白人参 30g，干姜（炮）30g。加水 1000mL 煎至 500mL，取煎液候温灌服，一剂病情大有起色，连用 3 天痊愈。

民间验方 2：皱叶酸模根 60g，阔叶独行菜 180g。加水 500～1000mL，煎成 100～400mL 药液去渣灌服。10kg 以下仔猪 25mL/次；10～50kg 猪 25～100mL/次；50kg 以上猪 100～200mL/次。一般连用 2～3 次即愈。

四、综合防控

1. 免疫预防

目前我国尚未查到猪痢疾的相关疫苗生产。国外一些国家已有商品化的猪痢疾疫苗，但只能提供一定水平的保护。这些菌苗大多是 LOS 血清群特异性的，因而需要使用自家苗或者多价苗。另外，螺旋体的生长需求苛刻，难以大批量生产且成本昂贵。

2. 药物治疗

1）常用药物

治疗猪痢疾常用的药物是泰妙菌素、沃尼妙林、泰乐菌素和林肯霉素。乙酰异戊酰泰乐菌素（爱乐新）是一种改良的老药，将其添加于饲料，对猪痢疾的预防和治疗也是有用的。其他抗生素如杆菌肽、螺旋霉素、庆大霉素、迪美唑、罗硝唑、维吉尼霉素、奥喹多司和卡巴多司等已用于猪痢疾的治疗和预防。

泰妙菌素对猪痢疾的用法：10mg/kg 体重，肌肉注射 1～3 天；8mg/kg 体重，饮水给药 5～7 天；100ppm 混饲给药 7～10 天，然后 30～40ppm，混饲给药 2～4 周。沃尼妙林用法：3～4mg/kg 体重，混饲给药 1～4 周。

泰乐菌素用法：10mg/kg 体重，肌肉注射 3～5 天，每天两次；5～10mg/kg 体重，饮水给药 5～7 天；之后，按 100g/吨加入饲料，混饲给药 3 周，然后再按 40g/吨加入饲料，混饲给药。

林可霉素的用法：8mg/kg 体重，饮水给药，用药不能超过 10 天，不能用于体重超过 115kg 的猪。按 100g/吨加入饲料，混饲给药 3 周直到病症消失，接着按 40g/吨加入饲料混饲给药，不能用于体重超过 115kg 的猪。

2）耐药性

药代动力学特性和体外敏感性数据表明，泰妙菌素可能是治疗猪痢疾最好的抗生素，但也有国家发现了对泰妙菌素耐药的菌株的出现。大环内酯类药物和林可酰胺类药物也有效，但同样产生了比较严重的耐药性问题，其耐药性是由细菌的 23S rRNA 基因的单位点突变所致，细菌在体外两周即可产生对泰乐菌素的耐药性。

2. 综合措施及净化消除

先分离本场的多个猪痢疾菌株，然后进行细菌的药物敏感性实验，获得 MIC 数据。要实施净化根除，必须在实施前将生产模式由连续生产调整为批次化生产。根据净化最好在夏季温度较高的季节进行。实施过程中，应当将所有的断奶仔猪、保育猪、生长育肥猪移出，同时禁止引入新的后备猪或者其他新的猪群进入。还应采取严格的措施控制狗、猫、啮齿类动物、昆虫以及鸟类的进入。对猪场的环境和猪舍以及空栏的栏舍应进行彻底的清洗、消毒，并进行空栏或者进行高温消毒。所有的母猪、仔猪和公猪应该通过饮水或者混饲给药治疗至少 14 天，并转移到腾空 2 周以上的干净消毒过的圈舍。治疗期间出生的仔猪应在场外断奶育成，并用相同的抗生素经非肠道给药方式进行治疗。母猪治疗结束后出生的仔猪可在原场所断奶和育肥。

第三章

猪其他重大疫病的中西医防控

第一节

猪支原体肺炎

猪支原体肺炎（Mycoplasmal pneumonia of swine，MPS）俗称猪气喘病，是由猪肺炎支原体（Mycoplasma hyopneumoniae，Mhyo）所引发。其特征是致死率低，猪喘频繁且声音大，患猪生长不良，饲料转化率降低。此外可以引起严重的继发感染，导致猪只死亡。该病是猪的一种接触性传染病，广泛存在于世界各地，普遍流行于畜牧业发达的美国、澳大利亚等国家，也是对我国养猪业造成严重经济损失的主要疫病之一。

一、疫病概况

（一）流行病学

1. 流行病史

美国的梅尔（Mare）和斯维兹尔（Switzer）在 1965 年首次分离到猪肺炎支原体（Mycoplasma hyopneumoniae，Mhyo），从此以后，Mhyo 在呼吸系统的疾病发生中的作用和对生产性能的影响开始被人们所了解。猪支原体肺炎即是由猪肺炎支原体引起的一种呼吸道疾病，分为急性、慢性、隐性感染，并可能引发严重的细菌和病毒的继发感染，所有品种和年龄的猪均可感染，发病率高，死亡率低。对生长性能和饲料转化率有很大的影响，每年都会给我国养猪业带来巨大损失。

2. 易感动物

本病一年四季均可能感染，而尤以秋冬寒冷季节、多雨、潮湿及气候骤然变化之时多见。并且不同年龄、性别、品种的猪均能感染，育肥猪发病较少，病情较轻，但是乳猪和断奶仔猪感染率、发病率和病死率较高。这是由于猪在初生长阶段时，未免疫接种 Mhyo 疫苗，其母源抗体水平减弱，处于免疫力低状态所致，以致猪在初生长阶段感染的频率最高。在哺乳期，该病通过母猪传给小猪，小猪在 6 周龄时可能才出现临床症状。其次是怀孕末期和哺乳期的母猪，妊娠后期母猪经常急性发作，死亡率较高。

3．传播媒介

猪支原体肺炎为接触传染病，存在着垂直传播、水平传播、空气传播等多种传播途径。垂直传播是指母猪在排毒过程中会感染生产出的仔猪，并且产仔数低的母猪和后备母猪产生的抗体水平低，从第 2 胎到第 7 胎产仔后仍能持续感染肺炎支原体。水平传播感染常发生配种舍和配种相应的流通环节。空气传播是指通过打喷嚏和咳嗽产生的含有支原体的空气颗粒，经感染猪呼气排出。在猪场之间，猪群通过气溶胶传播感染肺炎支原体的风险性与其最近猪场暴发肺炎支原体有关。猪群感染肺炎支原体的风险性与某一地区猪饲养密度以及附近其他猪场远近有关。

（二）抗原、血清型及毒力因子

1．抗原及血清型变化

猪支原体肺炎的抗原为猪肺炎支原体，其血清型稳定，目前没有明确的血清型分型。

2．体内分布、致病性及毒力因子

Mhyo 主要定植于猪气管及支气管中，损坏气管、支气管的纤毛上皮细胞和呼吸道黏膜层，还可以抑制机体免疫应答，破坏巨噬细胞的功能，极易发生继发感染和混合感染，常引起临床症状加剧和死亡率升高。该病原体本身感染能力强，致死能力弱。Mhyo 毒力因子的多种作用机制都还未知，如有助于病原的黏附、移行、细胞毒性、竞争底物、逃避和调节呼吸系统免疫应答。部分学者提出猪肺炎支原体感染并不取决于单个基因，而是多个基因的产物，但仍有待于证实。

3．抵抗力及药物敏感性

猪肺炎支原体对药物抵抗力较强，抗 Mhyo 抗生素使用能够有效控制疾病，但是既不能清除呼吸道的病原微生物，也不能治愈出现的病变。目前猪肺炎支原体对药物喹诺酮类药物比较敏感，由于支原体没有细胞壁，那些干扰细胞壁合成的抗生素几乎无效，例如青霉素、氨苄西林、阿莫西林以及头孢菌素。其

他一些抗生素也对 Mhyo 几乎无效，包括多黏菌素、红霉素、链菌素、甲氧苄啶和磺胺类药物。

（三）临床症状

急性型：主要见于新疫区和新感染的猪群。病猪常突然发病，精神萎靡不振，呼吸次数剧增，可达 60～120 次/min；呼吸困难，严重者张口喘气，有明显的腹式呼吸；咳嗽次数少而低沉，有时也会发生痉挛性阵咳。体温一般正常，如有继发感染则可升到 40℃以上。病程一般为 7～14 天，病死率在 40%左右。

慢性型：多见于老疫区的架子猪、育肥猪和后备母猪。主要症状为咳嗽，初期为短而少的干咳，久而久之变为连续痉挛性咳嗽，尤以早晨、夜间、运动、进食后或气温骤变时多见；常出现不同程度的呼吸困难，呼吸次数增加，有腹式呼吸，且这些症状随饲养条件和气候变化时重时轻；病猪常流少量鼻液，食欲一般良好，体温正常，表现消瘦，病程可达 2～3 个月，甚至半年以上。

隐性型：常见于老疫区。不表现任何症状，偶见咳嗽和气喘，全身状况良好，X 射线检查、剖解或屠宰后可见到肺炎病灶。

（四）病理变化

流行性支原体病急性病例的眼观病变包括肺尖叶或肺脏弥漫性实变、肺塌陷及明显的肺水肿。最为常见的眼观病变见于慢性感染的地方性肺炎，包括在肺尖叶可见有紫红色至灰白色的呈橡皮样的实变结节。在无并发症的感染，病变范围仅累及小部分的肺脏，而且从肺脏切面上看，肺实质颜色相对均一，同时气管内可见有卡他性渗出液。相比之下，在地方性肺炎继发其他化脓菌感染时，感染范围可累及大部分的肺脏，肺脏质地坚实、重量增加，从肺脏切面上看，肺脏由于膨胀肺泡中的灰白色渗出物形成树枝状分叉而呈现斑驳状，而且气管内可见有黏性脓性渗出液。慢性恢复期的病变为肺尖叶小叶尖白色致密结缔组织增厚。气管及支气管淋巴结通常表现为坚实、湿润及体积变大。

镜检病变在临床感染肺脏中呈现亚急性至慢性的变现特征。淋巴细胞和少数巨噬细胞在支气管周围形成"套袖"结构，且邻近的血管和淋巴细胞导致支气管固有层及黏膜下层扩张。支气管上皮细胞和一些散在的肺泡上皮细胞可能发生增生。肺泡腔和支气管管腔内含有大量浆液性液体及混杂有巨噬细胞及少量中性粒细胞、淋巴细胞和浆细胞的液体。在较多的慢性型病变中，淋巴细胞形成的"套袖"结构更加明显，且可形成淋巴小结。支气管杯状细胞数量增多，黏膜下腺异常增生。在地方性肺炎，肺泡腔和支气管腔内的渗出物较多，主要是中性粒细胞，同时可能包含继发感染菌的聚集物。在病变的恢复期，支气管周围可见肺泡塌陷或肺气肿、淋巴小结以及纤维化结构。

（五）主要损失

根据初步统计，该病阳性感染率大概为 70%～90%，发病率至少 40% 以上。此外，MPS 的病死率虽不高，但其引发的继发性感染可出现严重死亡。同时，没有引发继发感染的患猪也会生长不良，根据统计，患猪饲料转化率降低 13.8%，生产率下降 15.9%，极大增加养殖成本，估计我国每年因此病损失可达 100 亿元以上。

二、实验室确诊技术

1. 免疫血清学

血清学试验常用来监测猪群的健康状况。猪肺炎支原体抗体的检测可以通过酶联免疫吸附试验（ELISA）来完成，也可以通过补体结合试验，但后一种方法不常用。猪群的抗体消长曲线需要通过酶联免疫吸附试验对不同年龄段的猪进行同步测试（横向研究）或在整个生产周期中对某一猪群进行测试（纵向研究）。在这方面，酶联免疫吸附试验是一种快速、价廉且易于自动化的方法，可以就母源抗体和获得抗体的水平以及动物血清转化所需时间提供有用的信息。阻断 ELISA 和两个间接 ELISA 试验是猪肺炎支原体抗体检测中最常用的血清学试验。血清学检测虽然简单方便，但仍有一些缺点，如检测有些滞后，难以区分使用活疫苗或者感染了猪肺炎支原体。

2. 分子生物学

肺炎支原体定植于上呼吸道纤毛，最好的检测方式是用支气管棉拭子或支气管肺泡灌洗液（BALF）进行肺炎支原体 PCR 检测。支气管棉拭子或支气管肺泡灌洗液方式同样可用于检测活猪或死亡猪。对活体动物进行病原检测，PCR 检测方法容易操作、快速、经济省时、提供的数据能够用于控制措施的实施。

3. 细菌培养法

对临床感染肺炎支原体的肺组织进行支原体培养被认为是监测的金标准，但是这种病原分离需要特定的 Friis 培养基。要成功分离猪肺炎支原体，除了要有良好的培养基，分离方法也至关重要。至今国内外分离猪肺炎支原体大多采用病肺块浸泡法。

三、中兽医辨证施治

1. 辨证治则

致病多因圈舍通风不良，潮湿拥挤；或气候骤变，外感风寒风热；或饲养粗放，营养不良，管理不善，致使猪体瘦弱，卫阳不固，健康猪与病猪一经接触，疫毒乘虚经鼻传入，侵入肺经，以致气滞血瘀，壅阻于肺，肺失宣降，清气不升，浊气不降，肺气上逆而喘咳不止，临床上有实喘和虚喘之分。实喘见于初发病猪只，证见喘咳明显，呼吸加快，吃食或运动后更为显著。新发猪场，多数在短期内同时发病，头低耳聋，站立一隅，或卧地少动，严重者呈犬坐姿势，张口出气，哮喘有声，食少或不食，短期内可引起全部病猪死亡。虚喘多为老疫区久病猪场，病猪多为慢性，证见喘咳声微，呼长吸短，气短难续，动则尤甚，喘息无力，体瘦毛焦，口舌淡白，夹尾拱背，精神倦怠，生长发育停滞。

实喘以清热解毒、宣肺平喘为治则。虚喘以宣肺平喘、祛痰止咳为治则。

2. 防治措施

1）中兽药防治

①咳重喘轻　麻杏石甘散，每头每天大猪60g、中猪40g、小猪20g拌料内服，连用10天。配合西药疗效更好。

②喘重咳轻　麻黄鱼腥草散，每头每天大猪60g、中猪40g、小猪20g拌料内服，连用10~15天。配合西药疗效更好。

2）处方药防治

①实喘

a.麻杏石甘汤（出自《伤寒论》）加味：麻黄20g，杏仁30g，石膏（捣烂）100g，炙甘草20g，白果25g，苏叶30g，黄芩30g，桔梗25g，陈皮20g，鱼腥草30g。煎水，候温拌饲料喂服或灌服，每天2次，2天1剂，连服3~5剂。以上药物剂量为1头大猪的用量。

b.蟾蜍3g，牛黄4g，黄连20g，香附子30g，雄黄3g，皂角4g，桔梗20g，山豆根15g，明矾8g，干姜20g，甘草15g。共为细末，以猪每1kg体重0.5g剂量，混入饲料中喂服，每天1次，连续使用5~7天。

②虚喘

a.炙麻黄20g，炒白芍25，葶苈子30g，桔梗30g，桂枝20g，天花粉25g，连翘40g，柴胡25g，五味子30g，杏仁30g，党参40g，山药40g，金银花50g，甘草20g。煎水，候温拌料喂服或灌服，每天2次，2天1剂，连服3~5剂。以上药物剂量为1头大猪的用量。

b.二陈汤[注]加味：

法夏 45g，陈皮 45g，白茯苓 30g，炙甘草 15g，苏子 30g，杏仁 30g，枇杷叶 35g，鱼腥草 40g，炙麻黄 15g，枳壳 20g，五味子 25g，桔梗 25g，以上药物剂量为 1 头大猪用量，中小猪酌减。将以上药物前后煎煮 3 次，然后将 3 次所得滤液混合，拌料喂服，每天 2 次，2 天内服完，连服 3～5 剂。也可将药物打成粉末，每天按每 1kg 体重 1～2g，拌入饲料中喂服，连服 7～10 天。

3）民间验方

民间验方 1：豆根 15g，射干 15g，南星 3g，苦参 g，半夏 15 g，知母 10g，贝母 10g，麦芽 20g，山楂 15g，麦冬 10g，天冬 10g，防己 10g，连翘 15g，二花 15g，枇杷叶 10g，乳香 10g，甘草 10g，没药 10g，昆布 150g

用法用量：水煎服 2 次去渣拌料喂服（或灌服），一般 1～2 剂，严重者 3～5 剂可治愈。

民间验方 2：炙麻黄 6g；枇杷叶 9g；陈皮、炙半夏、枳壳各 10g；甘草、杏仁各 12g；苏子、鱼腥草各 15g

用法用量：水煎服，1 次/天，连续治疗 3 天。也可以使用药渣混合到饲料中的方式进行投服，连续使用 7 天，能够取得较好的治疗效果。

民间验方 3：麻黄 10g、白果 10g、杏仁 15g、苏叶 10g、甘草 15g、石膏 30g、黄芩 10g

用法用量：（此方为 40～65kg 体重用量）。加 3000mL 水煎至 1500mL，第 2 次加 1500mL 水煎至 1000mL，1 剂/天，连用 3 天；或制成散剂，拌料饲喂，大猪 30～60g/次，小猪 6～15g/次，连喂 5～7 次。

四、综合防控

1. 免疫预防

1）疫苗

免疫是防控本病的关键手段，目前上市的商品疫苗，进口的灭活疫苗，国产的弱毒活疫苗和灭活疫苗都可以作为养殖企业的备选。

2）免疫程序及评价

常发病猪场可根据本地区及本场疫情实际情况，科学地制定适合本场的免疫程序，定期实施猪气喘病疫苗免疫接种。对成年种猪，每年用猪气喘病弱毒冻干疫苗免疫接种 1 次；后备种猪于配种前免疫接种 1 次；仔猪于 7～15 日龄

[注] 宋·太平惠民和剂局编，刘景源整理. 太平惠民和剂局方. 人民卫生出版社，2007.

免疫接种1次；对已感染的病猪，可腹腔注射接种猪气喘病兔化冻干苗。使用血清学抗体检测方法进行免疫评价。

2．净化消除

1）净化群（个）体评价

①同时达到以下要求，视为达到免疫无疫标准：

净化场内种公猪、生产母猪和后备种猪抽检，猪支原体肺炎病原学检测均为阴性。

净化场内连续两年以上无疫情。

②同时满足以下条件，视为达到净化标准：

净化场内生猪进行抽检，猪肺炎支原体抗体检测均为阴性。

净化场内停止免疫两年以上，无临床病例。

2）净化策略

净化策略对于常发病地区或呈隐性感染的猪场，要经常开展检疫净化，及时检出病猪和可疑病猪，分群隔离，及时治疗，逐步淘汰，建立不携带猪支原体病原的健康猪群。

3．综合措施

1）生物安全

建立完善的生物安全防控体系，对人员进出场和车辆物资进出场进行隔离消毒。未发病地区或猪场应坚持"自繁自养"原则，严格执行产房、保育舍"全进全出"的饲养管理方式；需从外地购猪时，必须严格实施引种检疫，引入后须隔离观察1～2个月，经确认无病后方可合群饲养，以杜绝病原传入。

2）生产管理

科学饲养管理，保证适宜的饲养密度，注意通风和温度控制，创造良好的生长环境，减少各种不良因素的刺激。冬春要切实加强防寒保暖，夏秋要做好防暑降温，并经常保持圈舍空气流通，努力降低氨气和灰尘量；平时尽量减少猪群转栏和混群的次数；仔猪断奶不换圈、不换料；断奶后仔猪继续在产房饲养3～7天后再转入保育舍；断奶前后几天尽量不打疫苗，各阶段换料要逐渐过渡，防止发生应激反应，而诱发该病。

在定期进行免疫接种的同时，要做好日常消毒工作，经常保持圈舍干燥、环境清洁。每天要及时清理粪便、污物，进行无害化处理；每周坚持对圈舍环境至少进行1～2次消毒，常用消毒药物有卫康、可佳、科安、来苏尔、苛性钠等等。

第二节

猪附红细胞体病

猪附红细胞体病（eperythrozoonosis，EPE）是由附红细胞体引发的，以贫血、高热、黄疸、身体消瘦为主要症状的一种人畜共患病。该种疾病除危害猪外还可以危害多种动物，人也是该种疾病的易感群体。附红细胞体主要寄生在红细胞表、血浆和骨髓中，妊娠母猪出现流产。目前该种疾病在我国生猪养殖领域发病流行范围较广，造成的危害十分严重，防控不及时，病情很容易向着人类群体传播蔓延，威胁人类的生命财产安全。

一、疫病概况

（一）流行病学

1. 流行病史

附红细胞体病的出现在我国已经有 20 余年的历史。近年猪的附红细胞体病有趋于严重的态势，很多猪场因此损失惨重。有人做过调查，各种阶段猪的感染率达 80%～90%；人的感染阳性率可达 86%；而鸡的阳性率更高，可达 90%。但除了猪之外的其他动物发病率不高。

2. 易感动物

附红细胞体对宿主的选择并不严格，人、牛、猪、羊等多种动物均可感染，且感染率比较高。

3. 传播媒介

病原体能够通过口服摄入血液或血液成分而直接接触传播，例如舔舐伤口、同类相残或摄取污染血液的尿液等。通过媒介也可发生间接传播，主要的传播媒介包括体外寄生虫和吸血昆虫以及无活性的载体，例如污染的针头、手术器械或圈套器。经精液传播仅发生在血液污染的情况下，因此临床上较为少见。

附红细胞体可通过子宫由母猪传播至仔猪。

（二）病原概况

猪附红细胞体病最初被观察于临床上以 2～8 月龄的猪出现黄疸性贫血、呼吸窘迫、衰弱以及发热为特征的"类立克次体或猪的类边虫病"。1950 年，斯普利特（Splitter）和威廉森（Williamson）对在此之前所观察到临床疾病发生的病原进行了描述，由于该病原与在牛和羊体内存在的病原相似，因此将其命名为猪附红细胞体（E.suis）。由于病原体在外观上存在差异，最初将其分为猪附红细胞体（E.suis）和短小附红细胞体（Eperythrozoon parvum），之后它们被确定为处于不同成熟阶段的同一病原体。

由于附红细胞体在生物学和表型特征上与常规的细菌不一致，因此最初被划分到无形体科（Anaplasmataceae）。然而，根据其细胞内寄生的体积小、无细胞壁、具有抵抗力以及对四环素类敏感等特点，该病原菌被怀疑是柔膜体纲的一。1997 年，力久（Rikihisa）等通过测定该病原菌 16S rRNA 基因序列而证实了上面的假设。该基因序列被发现与其他的立克次氏体有很少的共同之处，相反它与其他支原体种类更为接近（Johansson et al. 1999）。因此，被提议将猪附红细胞体（E.suis）命名为猪支原体（M.suis）。

附红细胞体呈圆形至椭圆形，平均直径为 0.2～2μm，能够黏附到红细胞膜的表面且能侵入红细胞，存在于膜结合空泡或游离于细胞浆内。迄今为止，它不能培养在缺乏细胞的培养基中。

（三）临床症状

不同年龄不同品种的猪均可以受到附红细胞体的侵染。年龄越小，感染附红细胞体后所表现的临床越严重，哺乳仔猪受到病原侵染后死亡率显著升高，发病过程较短。急性型患病猪主要表现为严重的黄疸和贫血症状，体温升高到 42℃，采食量逐渐下降，萎靡不振，在耳尖、四肢内侧的皮肤表面会出现出血斑块，部分猪的耳部皮肤变干坏死，皮肤表面出现丘疹，丘疹破碎后形成皮炎，流出渗出液。发病后患病猪生长发育不良，养殖周期变长，饲料利用率下降。慢性型主要表现为身体逐渐消瘦，体表皮肤苍白无光泽，呼吸困难，在体表皮肤表面会出现大量的淤血斑块。育肥猪生长发育迟缓，种公猪性欲下降，精子质量下降。妊娠母猪出现流产现象，产后会出现严重的繁殖障碍。

（四）病理变化

将病死猪解剖，发现黏膜、浆膜和腹腔脂肪出现明显的黄染症状。病死猪出现明显的出血性血管炎，组织学检查发现淋巴细胞、单核细胞在血管壁周围大量聚集。病死猪的肝脏质地变脆肿大，黄染明显，肝脏表面蓄积大量脂肪，呈现明显的脂肪肝病变，并出现实质性的炎症病变和坏死。胆囊萎缩，内部蓄积浓稠深绿色的胶冻样物质。脾脏肿大为原来的4～5倍，脾脏表面充血出血严重，外部呈现蓝紫色。肾脏呈现土黄色点状出血。将心肌解剖后，内部蓄积大量的淡黄色液体，全身淋巴结普遍肿大出血，甚至出现坏死病灶。

（五）主要损失

附红细胞体病主要导致猪贫血黄疸的发生，影响猪只的生产性能，另外该类传染性疾病会造成严重的免疫抑制，除引发猪出现严重的发病和死亡外，病原还会不断攻击猪的身体免疫器官，使器官免疫应答下降，感染多种病原的几率极大增强，表现出复杂的临床症状，给疾病诊断和防控工作带来巨大难度。

二、实验室确诊技术

1. 染色镜检

采集患病猪的新鲜血液滴加到载玻片上，加入 0.85%的盐水稀释后放置在低倍显微镜下观察，能发现红细胞表面附着大量病原体。由于病原体附着侵染红细胞，呈现星芒状、锯齿状。再采集1滴新鲜的血液，添加到载玻片上，选择使用瑞氏染色剂充分染色处理，可以发现病原体呈现蓝色、红细胞呈现红色，红细胞表面好像镶嵌了1颗蓝宝石，每个红细胞会附着数量不等的病原体，少的3～5个，多的十几个。

2. 免疫血清学

全血 ELISA 方法已被证实不能准确检测附红细胞体感染，而且由于很难获得一致的抗原使得该方法很少被使用。近来，研制开发出一种使用两个重组的抗原 rMSG1 和 rHspA1 的新的 ELISA 方法。该方法的敏感性分别为 84.8%、83.8%和90.6%。然而，其特异性较低，变动范围为 58.1%～74%。抗体的产生通常会出现波动，由于每次再感染或复发都会导致新抗体的产生。然而，抗体滴度通常仅能维持2～3个月，从而会导致假阴性结果的频繁出现。

3. 分子生物学

最近，发展建立起 PCR 测定方法，该方法更为敏感而且能够用于病菌携带者或亚临床感染猪的检测而使得猪的检出率增高。发展产生一种敏感和特异的实时 PCR 检测方法，该方法是目前用于病原菌检测的最好方法。一项研究发现，在对感染猪进行检测时，实时 PCR 检测方法比血涂片方法更为敏感。以 PCR 检测结果为依据，猪的附红细胞体感染可能比之前预想更为常见。

三、中兽医辨证施治

1. 辨证治则

参见第一章第一节非洲猪瘟。

该病属于热毒瘟病范畴，治疗以清热解毒、凉血养阴，泻火通便为治则。

2. 防治措施

1）中兽药防治　同猪蓝耳病，详情参见第一章第三节猪蓝耳病。

2）处方药防治

①水牛角（切碎）120g，黑栀子 90g，桔梗 30g，知母 30g，黄芩 30g，赤芍 30g，生地 30g，玄参 90g，连翘壳 60g，鲜竹叶 40g，丹皮 30g，紫草 30g，生石膏 250g，苦参 40g，青蒿 50g，甘草 20g。以上药物剂量为 1 头大猪用量，中小猪酌减。将以上药物前后煎煮 3 次，然后将 3 次所得滤液混合，拌料喂服，每天 2 次，2 天内服完，连服 3~4 剂。也可将药物打成粉末，每天按每 1kg 体重 1~2g，拌入饲料中喂服，连服 7~10 天。

②金银花 50g，野菊花 50g，生地 30g，青蒿 40g，常山 30g，鱼腥草 45g，大黄 20g（后下），芒硝 30g（冲服），夏枯草 50g，芦根 30g，百部 30g，生甘草 20g。此剂量为 1 头大猪用量，煎水，候温拌饲料喂服或灌服，每天 2 次，2 天 1 剂，连用 3~4 天。有腹泻者减去大黄、芒硝，高热重者加生石膏、知母，呼吸困难者重用鱼腥草。

3）民间验方

民间验方 1：土茯苓 60g，麻黄 20g，商陆 60g，红花 60g。

用法用量 1：文火炒至微黄，趁热倒入 1000mL 米酒中，瓶装密封 3 天后用。

用法用量 2：按 10~20mL/kg 体重取药酒，加热到 40℃左右，空腹灌服。服药后 2 个小时内禁止进食、饮水、淋水，尽量避免吹风，早晚 2 次，连用 3 天。

民间验方 2：大青叶 60g，生石膏 60g，玄明粉 60g，黄芪 35g，当归 35g。

用法用量：煎汤灌服，此法用于 50kg 猪治疗用量，一般只需用 1 剂，病猪即可痊愈，对于病情较为严重的，则隔日再用药 1 次。

民间验方 3：柴胡 10g、竹叶 6g、半夏 10g、黄芩 10g、槟榔 6g、丹皮 10g、常山 6g、茵陈 10g、枳壳 10g、鱼腥草 8g。

用法用量：开水冲调，候温灌服，1 天 1 剂，连用 3 剂。个别呼吸困难则加重鱼腥草用量。

3．施治（结合案例）

民间验方 2 临床治疗猪附红细胞体病 93 例，治愈 89 例，治愈率 95.6%。1 次治愈 78 例，治愈率 83.8%，2 次治愈 11 例，治愈率 11.8%，死亡 2 例。

民间验方 3 结合西药治疗方案，给药治疗 3 天后情况大有好转，除 3 头因病情严重，食欲废绝死亡外，76 头在 5～6 天内痊愈，7 头在 8～10 天内痊愈，治愈率在 95%以上，效果显著。

四、综合防控

1．免疫预防

疫苗

目前尚未有可利用的疫苗，由于缺乏培养附红细胞体的能力以及其毒力因子的相关信息造成疫苗的研发非常复杂。对利用大肠杆菌（E.coli）重组蛋白所生产疫苗的效果进行探索，其能够诱导机体产生体液和细胞免疫应答反应，但是对病原攻击不能提供有效的保护。因此，如果一个畜群无附红细胞体感染，那么补充动物应当来源于附红细胞体阴性畜群。假如来源于分娩母猪的血清经血清学或 PCR 检测为阴性或输送至少 10 个血样至脾切除猪而对其不产生影响时，即可假定为阴性状态。

2．综合措施

1）生物安全

用于对表现临床疾病附红细胞体感染猪进行处理的支持和预防措施应当包括治疗。停止病原的传播和阻止再感染的发生是控制畜群感染状态的关键。对寄生病原的控制和卫生保健是控制疾病的关键。通过更换针头可使病原在母猪和仔猪之间经针头或手术器械传播的可能最小化。

2）生产管理

①优化饲养环境猪场及时清理粪便等，猪舍保持适当通风，调控温度和湿度适宜。定期使用消毒液对猪场进行消毒，并对猪皮肤喷洒伊维菌素类药物，以减少各类病原微生物的繁殖。

②给猪提供合理饮食饲料要含有猪生长需要的各种营养元素，合理搭配精

料和青绿饲料，禁止饲喂发霉变质的饲料，确保机体健康生长。

　　③杜绝其他物种直接感染猪场要喷洒适量灭蚊灵之类的药物，尽可能避免猪被蚊子、虱子、蜱、蚤、螫蝇之类的昆虫叮咬，猪舍周围不允许放养其他家畜，如牛、羊、鸡、鸭、鹅等，周期性消灭猪体内和体外寄生虫，同时有关饲养人员也要定期进行体检。

第三节

猪弓形体病

猪弓形体病（Toxoplasmosis）是由龚地弓形虫（Toxoplasma gondi）引起的一种原虫病，人和动物均可感染，属于人畜共患病。该病在世界各地广泛流行，其可以寄生于包括人在内的各种温血动物。猪暴发弓形虫病时，常可引起整个猪场发病，仔猪死亡率可高达 60%以上。猪感染弓形虫后不仅会导致母猪流产、死胎，仔猪发育不良、畸形、生长缓慢，还会抑制机体的免疫机能，导致其他疾病继发感染，给养猪业造成了巨大的经济损失，对公共卫生有严重危害。近年来，随着研究的深入，弓形虫病的流行表现出许多新的特点，造成的危害高于人们的估计，因此，目前猪弓形虫病在世界各地已成为重要的猪病之一而受到重视。

一、疫病概况

（一）病原体

弓形虫属于原生动物门、复顶亚门、孢子虫纲、真球虫目、弓形虫科、弓形虫属。弓形虫属于形体最小、结构简单的一类叫作原虫的寄生虫，1909 年根据其传染期类型将其命名为龚地弓形虫（Toxoplasma gondi），其全部发育过程中可有 5 种不同形态的阶段，即 5 种虫型：滋养体和包囊两型出现在中间宿主体内；裂殖体、配子体和卵囊只出现在终末宿主体内。

1. 滋养体（速殖子）

呈月牙形或香蕉形，一端较尖，一端钝圆，（4～7）μm×（2～4）μm，经姬姆萨氏或瑞氏染色后，胞浆呈淡蓝色，有颗粒，核呈深蓝色，位于钝圆一端。滋养体主要出现于急性病例的腹水中，常可见游离的单个虫体，在有核细胞内也可见正在分裂的虫体。

2．包囊（组织囊）

呈圆形，大小不一，有一层较厚的囊壁，囊内的滋养体称缓殖子，可不断增殖，由数十个至数千个。常见于慢性病例的脑、骨骼肌、心肌和视网膜等部位。包囊在一定的条件下可破裂，缓殖子重新进入新的细胞内繁殖形成新的包囊，可长期在组织内生存。

3．裂殖体

弓形虫侵入终末宿主小肠上皮细胞后，虫体进行裂体增殖而产生的。成熟的裂殖体为长椭圆形，内含 4～20 个裂殖子，呈扇形排列，裂殖子形如新月状，前尖后钝，较滋养体小。

4．配子体

裂殖体经数代增殖后发育成配子母细胞，进而发育为配子体，雌配子体个体较大，发育为雌配子，雄配子体个体较小，发育为雄配子，雌雄配子结合成合子，合子发育成卵囊。

5．卵囊

呈卵圆形，有双层囊壁，表面光滑，大小为 10～12μm，成熟的卵囊含有 2 个孢子囊，每个孢子囊含有 4 个子孢子。刚排出的卵囊没有传染性，只有孢子化后，成熟的卵囊在环境中才有传染性。

（二）流行病学

1．流行病史

猪弓形虫病最早的报道是在美国俄亥俄州（1952 年），继之在日本以及其他许多国家也相继有发生本病的报道。本病自 20 世纪 60 年代传入我国，其流行特点不断发生变化，由以往的暴发性流行到近年来以隐性感染和散发为主。当然也有局部的小范围流行，但已很少见，该病可发生于各种年龄的猪，但常见于仔猪和育肥阶段。

①暴发性是突然发生，症状明显而重，传播迅速，病死率高。

②急性型是同舍各圈猪相继发病，一次可病 10～20 头。

③零星散发是某圈发病 1～2 头，过几天另圈又发 1～2 头，在 2～3 周内零星散发，可持续一个多月后逐渐平息。

④隐性型，即临床不显症状。目前大多数生猪养殖场已转入此型。

2. 易感动物

弓形虫是一种多宿主原虫，对中间宿主的选择不严，哺乳动物、鸟类以及人类等都可作为中间宿主，目前已知中间宿主包括 45 种哺乳动物，70 余种鸟类和 5 种爬行动物。动物年龄小、抵抗力差和营养低下者易感。本病多发于 3～4 月龄猪，经产母猪呈隐性感染，虽本身不显症状，但可通过胎盘传给胎儿引起流产、死胎或产下弱仔；若未发生胎盘感染，产下的健康仔猪吃母乳后，亦会感染发病。5 日龄乳猪即可发病。育肥猪及后备种公、母猪多在 3～6 月龄感染发病，其中以 3 月龄多发。虽无明显季节性，也不受气候限制，但一些地方 6～9 月份的夏秋炎热季节多发

3. 传播媒介

患病动物和带虫动物（包括终末宿主）均为感染来源。弓形虫为双宿主生活周期的寄生性原虫，分别完成有性生殖和无性生殖阶段。在猫和其他猫科动物体内完成有性生殖，所以猫和其他猫科动物是其终末宿主（同时也进行无性增殖，也兼中间宿主）；在其他动物和人体只能完成无性繁殖，为中间宿主。有性生殖只限于在猫科动物小肠上皮细胞内进行，称肠内期发育；无性繁殖阶段可在其他组织、细胞内进行，称肠外发育。虫体寄生在猫的肠道上皮细胞内，形成卵囊随粪便排出，污染环境、牧草、饮水和饲料，被动物吃下后而发病。被吞食的卵囊进入中间宿主的肠道后，卵囊中的子孢子逸出，进入中间宿主血液而分布到全身各处，再进到细胞内繁殖，引起发病。急性期动物的分泌液和排泄物均可能含有弓形虫，可因其污染了环境而造成其他动物的感染。感染途径主要是消化道，也可以通过呼吸道、损伤的皮肤或黏膜以及眼部等感染，经胎盘感染也是一个重要的途径。

（三）临床症状

病初体温可达 40.5～42℃，稽留 7～10 天，精神萎靡，食欲减退或废绝，下痢或便秘而带有黏液。断奶仔猪多拉稀，粪呈水样，无恶臭，稍后呼吸困难，呼气浅短。有时有咳嗽和呕吐，流水样或黏液样鼻液，腹股沟淋巴结肿大。末期耳翼、鼻盘、四肢下部及膜下部出现紫红色瘀斑。最后呼吸极度困难，后躯摇晃或卧地不起，体温急剧下降而死亡。特别是卵囊感染时，除以上症状外，患猪大都排暗红色或黑红色木焦油状的血便。这是因为卵囊感染后，肠黏膜上皮大量破坏引起多发性出血性肠炎的结果。有的病猪耐过后，症状逐渐减轻，遗留咳嗽，呼吸困难及后躯麻痹，运动障碍，斜颈，癫痫样痉挛等神经症状，

有的耳廓出现干性坏死，有的呈现视网膜脉络膜炎，甚至失明。6 个月龄以上的猪，发病较轻微，或常为慢性病例，慢性病例的病程较长，表现厌食，逐渐消瘦，贫血，随着病情发展，可能出现后肢麻痹，并导致死亡，但多数动物可耐过。孕猪感染往往发生流产或死胎。

（四）病理变化

急性病例多见于年幼动物，出现全身性病变，淋巴结、肝脏、肺脏、心脏等器官肿大，有许多出血点和坏死灶，切面流出多量带泡沫的液体。肠道重度充血，肠黏膜可见坏死灶。肠腔和腹腔内有多量渗出液，盲肠和结肠有少数散在黄豆大的浅溃疡。慢性病例多可见内脏器官水肿，并有散在的坏死灶。隐形感染主要是在中枢神经系统内见有包囊，有时可见有神经胶质增生性肉芽肿性脑炎。对弓形体病的诊断，须根据临床症状、解剖和流行特点，结合实验室诊断，才可确诊。

（五）主要损失

1．对人的危害

本病为全身性疾病，分布广，人群易感，但多为隐性感染，发病者由于弓形虫寄生部位及机体反应性的不同，临床表现较复杂，有一定病死率及致先天性缺陷率。

2．对养殖业造成经济损失

猪弓形体病和附红细胞体病通常并发感染，或者继发其他疾病，仔猪死亡率可达 60%，给养猪业造成直接经济损失。

3．对养殖环境污染

卵囊对外界环境、酸、碱和常用消毒剂的抵抗力很强，在自然条件下，弓形虫卵囊在-20℃到 35℃范围内，548 天仍保持感染力。

二、实验室确诊技术

弓形虫病的临床诊断症状、病理变化和流行病学虽有一定的特点，但仍然不能作为确诊的依据，必须查出病原体或者特异性抗体。

1．染色镜检

急性病例可取患病动物的肺脏、淋巴结或腹腔渗出液等病料做成涂片，自然干燥，甲醇固定，用姬姆萨氏或瑞氏染色法染色镜检，此法简便，但有假阴性，必须对阴性猪做进一步诊断。

2. 免疫学诊断

主要有染料试验、间接血凝试验、间接免疫荧光抗体试验、酶联免疫吸附试验。其中，国内应用比较多的是间接血凝抑制试验（IHAT）和酶联免疫吸附试验（ELISA）。猪血清间接血凝凝集价达 1∶64 以上可判为阳性，1∶256 表示新近感染，1∶1024 表示活动性感染。间隔 2～3 周采血，IgA 抗体滴度升高 4 倍以上表明感染活动期，IgG 抗体滴度高表明有包囊型虫体存在或过去有感染。

3. 动物试验

取疑似患病动物肺脏、肝脏、淋巴结或腹腔渗出液等组织研碎，加 10 倍量生理盐水，室温下放置 1h，取其上清液 0.5～1mL 接种于小白鼠腹腔，观察 14～20 天，若发病，剖杀小白鼠取其腹腔液作涂片镜检；若为阴性，则按上述方法传代至少 3 次，从病鼠腹腔液中发现滋养体便可确证。

三、中兽医辨证施治

1. 辨证治则

属于热毒内蕴，充斥肌肤之虫疫。治疗宜用清热解毒、凉血养阴、杀虫。

2. 防治措施

1）中兽药防治
同猪蓝耳病，详情参见第一章第三节猪蓝耳病。
2）处方药防治
黄连 20g，黄柏 25g，黄芩 20g，栀子 25g，大黄 10g，赤芍 20，丹皮 15g，玄参 20g，苦参 30g，黄常山 20g，槟榔 25g，柴胡 20g，桔梗 20g，麻黄 10g，百部 20g，甘草 10g。现用文火煎煮黄常山、槟榔 20min，然后加入除麻黄外的其他药物再煎煮 15min，最后加入麻黄煎煮 5min，过滤去渣，灌服或拌料喂服，每天 2 剂，连服 3～5 天。此剂量为 1 头大猪剂量，中小猪剂量酌减。
3）民间验方
民间验方 1：贯众 80g，雷丸 90g，大青叶 60g，青蒿 60g，柴胡 40g，地丁 40g，百部 40g。
用法用量：共研细末，拌入 100kg 饲料中喂服，连用 5～7 天。预防量减半。

用本方配合磺胺-6-甲氧嘧啶、三甲氧苄胺嘧啶、黄芪多糖治疗猪弓形虫病，效果显著。

民间验方2：常山20g，槟榔12g，柴胡8g，麻黄8g，桔梗8g，甘草8g。

用法用量：将常山、槟榔先用文火煮20分钟，再加入柴胡、桔梗、甘草同煮15分钟，最后放入麻黄煎5分钟，去渣候温，体重35～45kg猪一次灌服。每天1～2剂，连用2～3天。用本方配合复方磺胺嘧啶钠注射液，按每千克体重70毫克剂量肌内注射（首次量加倍），或增效磺胺-5-甲氧嘧啶注射液，按每千克体重0.2mL剂量肌内注射，每天2次，连用3～5天，治疗猪弓形虫病有一定疗效。

四、综合防控

1. 免疫预防

目前国内没有商品化的弓形虫疫苗，弓形虫病主要依靠药物防治。

2. 净化消除

根据近几年对国内部分地区规模化养猪场弓形虫病血清学流行病学调查结果，猪的感染率为3.32%～66.39%，弓形虫在我国的流行依然十分严重，大多数是通过环境感染。目前，我国的养殖方式和养殖环境还不具备完全净化消除弓形虫的条件，但是通过局部环境优化和生产管理，能降低弓形虫的感染率，达到提高动物抗病能力、降低经济损失的目的。

3. 综合措施

1）生物安全

一是改变以养猫灭鼠的传统习惯，禁止猫在场区出现。

二是饲料、饮水安全，无论是自配饲料还是商品饲料，都要加强管理，仓库保持干燥、干净、整洁，定期消毒，饮水系统使用专用管道引水，减少与外界的直接接触；

三是改变养殖方式，升级饲养工艺，采取封闭式养殖，能有效地提高单位面积使用率，能更好地进行生物安全防控，还能节约成本，提高生产效率。

2）生产管理

一是人员管理，尽量减少生产区内人员流动，非必要人员不得串舍，进出生产区需沐浴（包括头发）更衣，确保生产工作服的干净卫生，各区域之间不共用清洁工具；

二是环境卫生管理，定期内外环境消毒，加强空栏（舍）的冲洗和消毒；加强卫生管理，保持生产区圈舍内干燥，整洁，减少因卫生死角而导致的鼠、虫滋生；

三是猪只管理，及时隔离病患猪只，及时淘汰生产性能低下的猪只；

四是防控管理，根据生产实际情况，制定适合的免疫程序和保健程序，加强无害化处理，对病死动物、流产死胎和胎衣等要及时打包封装处理，并彻底消毒。

参 考 文 献

1. [美国] 杰弗里·J. 齐默曼（Jeffrey J. Zimmerm）. 猪病学. 沈阳：辽宁科学技术出版社，2022.

2. 许剑琴. 猪病中药防治. 北京：中国农业大学出版社，1997.

3. 陈晓兰，杨海峰，陆广富，等. 抗猪病毒性疾病中兽药的研究进展. 黑龙江畜牧兽医，2016，22：158-160.

4. 李明，丁艳亭，陶晓华. 《伤寒杂病论》中动物药使用特色分析. 北京中医药大学学报，2023，46（2）：171-175.

5. 仇华吉. 非洲猪瘟大家谈 防控净化与复养. 北京：中国农业出版社，2021.

6. 王琴，涂长春. 猪瘟. 北京：中国农业出版社，2015.

7. 胡美华，林雪玲，徐磊，等. 中药复方对猪蓝耳病阳性场母猪繁殖性能及血液生理生化指标的影响. 黑龙江畜牧兽医，2020，11：132-135.

8. 谢庆阁. 口蹄疫. 北京：中国农业出版社，2004.

9. 崔尚金. 猪圆环病毒病及其防治. 北京：金盾出版社，2007.

10. 陈焕春，何启盖. 伪狂犬病. 北京：中国农业出版社，2015.

11. [亚美尼亚] 霍瓦金·扎卡良. 猪病毒 致病机制及防控措施. 北京：中国农业出版社，2023.

12. 孙东波，武瑞，孔凡志. 猪流行性腹泻病毒研究进展. 北京：科学出版社，2018.

13. 银慧慧，颜国庆，赵武，等. 基于网络药理学和分子对接探究黄连解毒散治疗猪传染性胃肠炎的作用机制. 中国预防兽医学报，2024，46（2）：147-158.

14. 中国农业科学院兽医研究所. 猪乙型脑炎. 北京：农业出版社，1960.

15. 童光志，李泽君. 猪流感. 北京：中国农业出版社，2015.

16. 林正丹，涂军，詹存林，等. 猪轮状病毒 TaqMan 荧光定量检测方法的建立及初步应用. 中国兽医学报，2024，44（2）：244-248.

17. 陶倩，曹飞，彭珂楠，等. 猪塞内卡病毒病原学研究进展. 病毒学报，2022，38（2）：505-512.

18. 刘存，刘畅，刘琪，等. A 型塞内卡病毒病原学、流行病学和诊断研究进展 [J]. 猪业科学，2018，35（01）：104-108.

19. 郭忠欣，王梦艳，刘兆阳. 动物大肠杆菌病及其防控方法. 北京：化学工业出版社，2019.

20. 徐引弟，郭爱珍，贾爱卿，等. 猪霍乱沙门氏菌的快速分离鉴定. 畜牧与兽医，2007，2：8-11.

21. 陆承平，吴宗福. 猪链球菌病. 北京：中国农业出版社，2016.

22. 石全有，李生福，李全梅，等. 猪巴氏杆菌病的诊治. 中国兽医杂志，2006，4：51.

23. 张宇航，黄复深. 猪传染性胸膜肺炎研究进展. 黑龙江畜牧兽医，2019，13：45-48.

24. 靳曼玉，高树基，李金朋，等. 猪链球菌和副猪嗜血杆菌双重 TaqMan 荧光定量 PCR 检测方法的建立与应用. 中国预防兽医学报，2022，44（10）：1052-1058.

25. 王龙，钟梦龙，李复坤，等. 猪增生性肠炎病原学和致病机制的研究进展. 黑龙江畜牧兽医，2020，21：52-56.

26. [比利时] 多米尼克·梅斯，[西班牙] 玛丽娜·西比拉，[美国] 玛利亚·皮特斯. 猪的支原体. 北京：中国农业出版社，2021.

27. 潘树德. 猪附红细胞体病及其防治. 北京：金盾出版社，2007.

28. 李俊宝，陆承平. 弓形体和弓形体病. 南京：江苏科学技术出版社，1980.